Aviation Weather

実践
航空気象テキスト

財部俊彦　著

秀和システム

はじめに

　本書はパイロットやディスパッチャーに役立つ天気図などの気象資料の解析法や見方について説明しています。100％安全な運航を確保するため、パイロットやディスパッチャーは飛行前に航空機の整備状況、空港施設や航法援助施設の運用状態、さらに乗客や搭載貨物など多くのことを確認します。当然、気象も確認項目の一つであり、使用飛行場の気象状態や飛行経路上で障害となる悪天現象の存在や発現の可能性を把握して飛行計画を立てます。その際、必要な気象資料を選択し、的確にそれらを読み取れることが必要です。

　飛行前の気象確認作業において、パイロットやディスパッチャーはそれぞれの資格取得時に学んだ気象学の基礎知識をベースに気象資料を解析します。しかし、天気は毎日異なり、さらに時々刻々変化するので、フライトの気象のテーマはその都度異なります。飛行前の限られた時間内で適切な気象解析を行うには当該フライトに影響を与える気象現象は何かを読み取れることが気象解析の第一歩です。飛行前の限られた時間内で適切な気象解析を行うには、解析の基本形を習得しておくことが大切です。

　スポーツに例えれば、手順や技の基本型の習得と同じです。水泳なら「水をかく手の動き」、「水を蹴る脚の動き」、さらに「息継ぎの要領」などの基本的な動きを頭の中で知っているだけでは泳げません。実際に水の中に入ることが必要です。机上で把握していても、実際に水中でそれらの動作を練習しなければなかなか泳げません。「dry swimming（畳の上の水練）」だけでは、泳げるようにはなりません。

　天気図解析も同様に日々の天気図の等温線や風向・風速に注目し、前線の特徴はどの領域にどのように表れているか、上空の寒気の分布から雷の可能性はあるのかなどを読み取り、その日の天気のテーマが何かを判断する演習が必要です。

　本書では気象庁が発表している日々の気象資料を用い、各種天気図から大気構造や発生する可能性の気象現象の解析法、そして航空機の運航に影響する悪天現象の読み取りについて、数多くの実例を挙げて説明しています。それらの事例に触れることによって、天気図などの読み取りのポイントを把握できます。特に、資格取得後の若葉マークのパイロットやディスパッチャー、あるいは海外でパイロット資格を取得し日本の空の飛行経験の浅い方々に一読頂き、的確な気象判断ができる能力を育成して安全飛行の一助として頂きたいと思います。

2022 年 2 月

著者

はじめに 3

Chapter1　気象現象の分類　　　　　　　　　　　　9

1 気象現象のスケール 10

1-1　気象現象の大きさと寿命 10
1-2　気象現象の相互関係 13

2 大気の場 15

2-1　風や気温の場 15
2-2　気圧の場 17

Chapter2　気象観測と実況気象図　　19

1 地上の気象観測と天気図 ･･････････････････････････････････････ 20

1-1　地上の気象観測データ ････････････････････････････････････ 20
1-2　アジア太平洋地上天気図 ･･････････････････････････････････ 22

2 高層の気象観測と天気図 ･･････････････････････････････････････ 26

2-1　高層気象観測所と観測方法 ････････････････････････････････ 26
2-2　エマグラム ･･ 27
2-3　高層天気図 ･･ 29
　2-3-1　850hPa/700hPa、及び 500hPa/300hPa 高層天気図 ･･････ 30
　2-3-2　250hPa、及び 200hPa 高層天気図 ･････････････････････ 34
2-4　高層断面図 ･･ 37

3 その他の観測資料 ･･ 40

3-1　気象衛星画像 ･･ 40
　3-1-1　可視画像（Visual picture） ･･･････････････････････････ 40
　3-1-2　赤外画像（Infrared picture） ･････････････････････････ 41
　3-1-3　水蒸気画像（Water vapor picture） ･･･････････････････ 42
3-2　気象レーダーエコー ･････････････････････････････････････ 43

Chapter3　数値予報と予想天気図　47

1　**数値予報** ⋯⋯⋯⋯⋯⋯⋯⋯⋯⋯⋯⋯⋯⋯⋯⋯⋯⋯⋯⋯⋯⋯⋯⋯⋯⋯⋯⋯⋯⋯⋯ 48

　　1-1　数値予報の概要 ⋯⋯⋯⋯⋯⋯⋯⋯⋯⋯⋯⋯⋯⋯⋯⋯⋯⋯⋯⋯⋯⋯⋯⋯⋯⋯ 48

　　1-2　数値予報モデル ⋯⋯⋯⋯⋯⋯⋯⋯⋯⋯⋯⋯⋯⋯⋯⋯⋯⋯⋯⋯⋯⋯⋯⋯⋯⋯ 49

2　**数値予報図** ⋯⋯⋯⋯⋯⋯⋯⋯⋯⋯⋯⋯⋯⋯⋯⋯⋯⋯⋯⋯⋯⋯⋯⋯⋯⋯⋯⋯⋯⋯⋯ 51

　　2-1　500hPa 高度・渦度と 850hPa 気温・風 /700hPa 鉛直流解析図 ⋯⋯ 51

　　2-2　500hPa 高度・渦度と地上気圧・降水量・海上風 12・24 時間予想図 ⋯⋯ 53

　　2-3　500hPa 気温 /700hPa 湿数と

　　　　850hPa 気温・風 /700hPa 鉛直流 12・24 時間予想図 ⋯⋯⋯⋯⋯⋯ 55

　　2-4　アジア太平洋海上悪天 24 時間予想図 ⋯⋯⋯⋯⋯⋯⋯⋯⋯⋯⋯⋯⋯⋯ 56

　　2-5　850hPa 風・相当温位予想図 ⋯⋯⋯⋯⋯⋯⋯⋯⋯⋯⋯⋯⋯⋯⋯⋯⋯⋯ 58

3　**航空のための気象図** ⋯⋯⋯⋯⋯⋯⋯⋯⋯⋯⋯⋯⋯⋯⋯⋯⋯⋯⋯⋯⋯⋯⋯⋯⋯⋯ 60

　　3-1　国内悪天予想図 （FBJP） ⋯⋯⋯⋯⋯⋯⋯⋯⋯⋯⋯⋯⋯⋯⋯⋯⋯⋯⋯⋯ 60

　　3-2　狭域悪天予想図 （FBTT、FBGG、FBBB） ⋯⋯⋯⋯⋯⋯⋯⋯⋯⋯⋯ 62

　　3-3　下層悪天予想図 （FBSP、FBSN、FBTK、FBOS、FBKG、FBOK） ⋯⋯ 64

　　3-4　国内航空路 6・12 時間予想断面図 ⋯⋯⋯⋯⋯⋯⋯⋯⋯⋯⋯⋯⋯⋯⋯ 66

　　3-5　毎時大気解析・予測情報 ⋯⋯⋯⋯⋯⋯⋯⋯⋯⋯⋯⋯⋯⋯⋯⋯⋯⋯⋯⋯ 68

　　3-6　国内悪天実況図 （UBJP） ⋯⋯⋯⋯⋯⋯⋯⋯⋯⋯⋯⋯⋯⋯⋯⋯⋯⋯⋯ 72

　　3-7　国内悪天解析図 （ABJP） ⋯⋯⋯⋯⋯⋯⋯⋯⋯⋯⋯⋯⋯⋯⋯⋯⋯⋯⋯ 73

　　3-8　狭域悪天実況図 （UBTT、UBGG、UBBB） ⋯⋯⋯⋯⋯⋯⋯⋯⋯⋯ 75

4　**数値予報図の物理量** ⋯⋯⋯⋯⋯⋯⋯⋯⋯⋯⋯⋯⋯⋯⋯⋯⋯⋯⋯⋯⋯⋯⋯⋯⋯⋯ 77

　　4-1　温位と相当温位 ⋯⋯⋯⋯⋯⋯⋯⋯⋯⋯⋯⋯⋯⋯⋯⋯⋯⋯⋯⋯⋯⋯⋯⋯ 77

　　　　4-1-1　温位と相当温位の定義 ⋯⋯⋯⋯⋯⋯⋯⋯⋯⋯⋯⋯⋯⋯⋯⋯⋯ 77

　　　　4-1-2　温位や相当温位の高度変化 ⋯⋯⋯⋯⋯⋯⋯⋯⋯⋯⋯⋯⋯⋯⋯ 80

　　4-2　鉛直 p 速度（上昇流、下降流） ⋯⋯⋯⋯⋯⋯⋯⋯⋯⋯⋯⋯⋯⋯⋯⋯ 84

　　4-3　渦度 ⋯⋯⋯⋯⋯⋯⋯⋯⋯⋯⋯⋯⋯⋯⋯⋯⋯⋯⋯⋯⋯⋯⋯⋯⋯⋯⋯⋯⋯ 86

Chapter4　天気図の見方と利用　91

1 気圧パターンと天気分布 92

　1-1　日本付近の気圧配置 92

　　1-1-1　西高東低型（冬型） 92

　　1-1-2　南高北低型（夏型） 93

　　1-1-3　北高南低型（北東気流型） 93

　　1-1-4　梅雨型 94

　　1-1-5　秋雨前線型 94

　　1-1-6　移動性高気圧型 95

　　1-1-7　帯状高気圧型 96

　1-2　日本付近の低気圧経路 96

　　1-2-1　南岸低気圧型 96

　　1-2-2　日本海低気圧型 97

　　1-2-3　二つ玉低気圧型 98

2 大気構造の解析 99

　2-1　温帯低気圧の発達の構造 99

　　2-1-1　低気圧の軸の傾斜 100

　　2-1-2　温度移流 104

　2-2　水平面上の前線解析 107

　2-3　鉛直断面上の前線解析 109

　2-4　上層風の変化 115

　2-5　ジェット気流軸の把握 120

3 雲域の解析 124

　3-1　雲域の予想 124

　3-2　上空の寒気と対流活動 125

　3-3　対流不安定と対流活動 129

　3-4　雲形の識別 132

　3-5　ジェット気流に伴う雲域 138

Chapter5　悪天現象と気象図

1 **空域の悪天現象** 142

　1-1　上空の寒気流入と対流雲 142

　1-2　寒冷前線付近の対流雲 150

　　1-2-1　アナ型寒冷前線 150

　　1-2-2　カタ型寒冷前線 153

　1-3　雲底付近の乱気流 155

　1-4　晴天乱気流（CAT）の発生域 161

　　1-4-1　鉛直断面から見た CAT 域 161

　　1-4-2　水平面上の CAT 域 165

　　1-4-3　山岳波の上方伝播による CAT 域 167

2 **離着陸時の低高度の悪天** 170

　2-1　飛行場気象通報式から読み取る大気状態 170

　2-2　寒冷前線通過と気象変化 172

　2-3　持続する霧 176

　2-4　地上の気圧配置と異なる地上風 184

　INDEX 195

気象現象の分類

　台風がやって来ると大雨以外に広い範囲で長時間にわたり強風や暴風となり、交通機関がストップし、物の飛散や倒木などの被害が発生します。また、同じように家屋を破壊するような強い風に竜巻がありますが、この現象は狭い範囲に発生し、数分から10数分で消えていきます。同じような強い風でも、両者の間には大きさ（水平、鉛直方向の広がり）や寿命（発生から消滅までの時間）に違いが見られます。

　気象解析を行う場合は、対象とする気象現象がどの程度の広がりがあり、どのくらいの寿命かを理解して気象図を見ることが必要です。このChapterでは、さまざまな気象現象の分類やそれらの関係について説明しています。

1 気象現象のスケール

1-1 気象現象の大きさと寿命

　梅雨時には、ある地域に数時間から数日にわたり多量の雨が降り続く「集中豪雨」が発生し、大規模な洪水が発生します。あるいは、街の一角で「ゲリラ豪雨」と呼ばれる短時間の「局地的大雨」で、瞬く間に浸水害が起こることがあります。同じ大雨でも空間的な広がりと、発生から消滅までの寿命は大きく異なります。このように気象現象は空間スケールと時間スケールの二つのパラメーターの視点から分類することができます。

　気象現象は「マクロスケール（大規模）」、「メソスケール（中規模）」、そして「ミクロスケール（小規模）」に大別できます。マクロスケールには、「グローバルスケール（地球規模）」と「シノプティクスケール（総観規模）」があります。大陸と海洋の熱的なコントラストで生じた気圧分布で発生するモンスーン（季節風）は地球規模の現象で、水平方向の広がりは5,000km以上にわたり、時間スケールでは1ヶ月以上継続します。また、ニュース映像で見聞きする"ヨーロッパは熱波の影響で記録的な暑さです"とか"アメリカ各地では厳しい寒波に襲われています"なども大陸規模で発生していて、1週間以上続く地球規模の現象です。

　一方、総観規模現象の代表格は日々の天気図に描かれる温帯低気圧や移動性高気圧です。今日、日本列島全体が移動性高気圧に覆われ晴天となっても、翌日にはこの高気圧は日本の東海上に去り、替わって大陸から低気圧が近づき、天気は西の方から崩れてきます。中緯度の低気圧や高気圧は数1,000kmの広がりがあり、発生から消滅までの時間スケールは数日〜10日程度です。

　続いて、メソスケールは広がりが2,000〜200kmのメソαスケール、200〜20kmのメソβスケール、そして20〜2kmのメソγスケールに細分されます。メソαスケールの現象には台風、前線、梅雨前線上の小低気圧などがあります。さらに、メソβスケールには雲クラスターと呼ばれる積乱雲が集まった活発な雲域や集中豪雨、朝と夜に風向きが入れ替わる海陸風が挙げられます。そして、ムクムクと湧き上がる個々の積乱雲はメソγスケールの代表格です。

　ミクロスケールの現象は広がりが2km以下の小規模なものです。メソスケールの発達した対流雲から発生する直径100m程度の竜巻は、このミクロスケールの現象で時間スケールは数分から10数分と短命です。また、小さいつむじ風や突風などもミクロスケールに属します。

図 1-1-1　気象現象の分類

マクロスケール

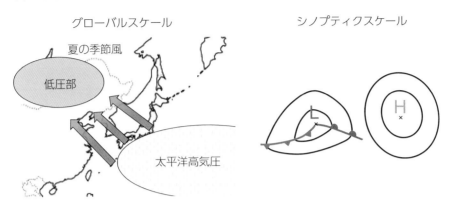

グローバルスケール

シノプティクスケール

メソスケール

メソαスケール　　　　メソβスケール　　　　メソγスケール

ミクロスケール

　　それらの気象現象を空間スケールと時間スケールの観点から整理すると、図1-1-2の関係が
成立します。

図 1-1-2　気象現象の空間スケールと時間スケール

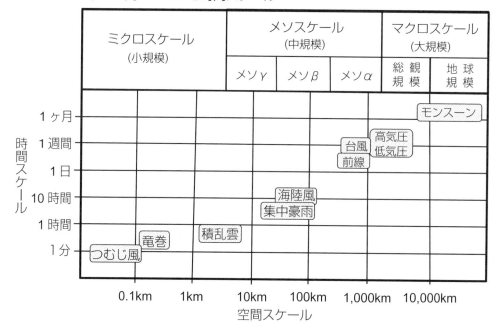

　気象現象の広がりと寿命の関係を見ると、空間スケールが大きい現象ほど時間スケールは長く、逆に空間スケールの小さな現象は時間スケールが短くなっています。このように気象現象の空間スケールと時間スケール間には、正の相関関係が存在します。

1-2 気象現象の相互関係

　1-1のように気象現象は空間スケールと時間スケールを持つことが分かりました。続いて、それぞれのスケールの現象の間にはどのような関係があるのか考えてみましょう。

　異なったスケールの気象現象は、独立して並んで存在しているのではなく、より大きな現象の中に小さな現象が包含されて存在しています。例えば、図1-1-3の梅雨前線の下で発生している集中豪雨を見てみましょう。夏が近づいてくると亜熱帯高気圧が北上し、その上空を流れている亜熱帯ジェット気流も北に移動します。北上した亜熱帯ジェット気流は、チベット高原にぶつかって二つの流れに分かれます。チベット高原の北側に迂回した流れは、寒帯前線ジェット気流と合流し強まり、オホーツク海高気圧を発達させます。そして、オホーツク海高気圧からの冷たく湿った空気と、太平洋の亜熱帯高気圧からの暖かく湿った空気の間に境界線が形成されます。この境界線が日本付近の梅雨前線です。この前線上に太平洋高気圧からの暖湿な空気が流れ込み、広範囲に雲域が広がります。特に高温多湿の空気が流入する領域には、メソβスケールの活発な対流雲群が発生して多量の雨が降ります。

　この対流雲群はメソγスケールの積乱雲が組織化したものです。そして、個々の発達した積乱雲からはミクロスケールの竜巻が発生することがあります。

図　1-1-3　気象現象の階層構造

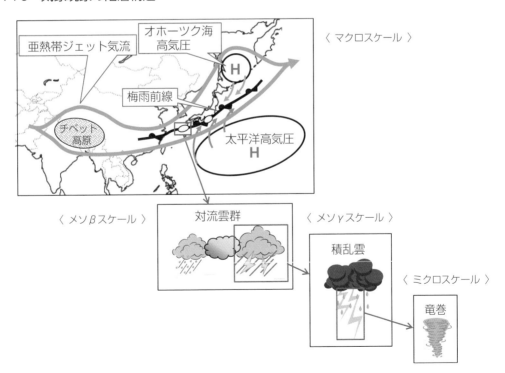

このように、小さなスケールの気象現象は単独に突然発生するのではなく、より大きなスケールの気象現象の下で生まれています。それぞれの気象現象は、同一時刻に同一空間の中で階層的な構造をなして共存しています。

また、小さなスケールの現象が逆に上位の大きなスケールの現象に影響を与えることもあります。その一例として、台風があげられます。台風の中にはメソγスケールの積乱雲が多数存在し、積乱雲は組織化してメソβスケールの積乱雲群を構成していて、全体としてメソαスケールの台風となっています。台風内の個々の積乱雲内では、水蒸気が凝結して雲粒に変わる時に熱が放出されます。この凝結熱が台風中心部の暖気核を形成します。中心部に密度の小さい暖気核が形成されるので台風中心の気圧は下がり、台風は発達します。そして、中心気圧が下がると、さらに周りから暖湿な空気が収束し、上昇流はより活発化して積乱雲は発達していきます。

個々の積雲、積乱雲が発生、発達していく対流の仕組みの中で、潜熱の放出熱エネルギーが台風に供給されます。一方で、台風は積雲の対流活動に水蒸気という形でエネルギーを供給しています。台風内では、このようなスケールの異なる2つの現象の相互作用で、互いに相手の活動を強め合いながら発達していく仕組みが存在しています。

図 1-1-4　台風域内の相互作用

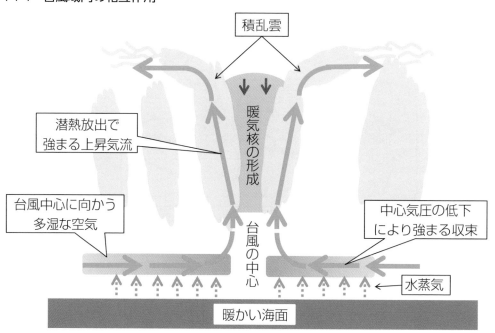

このように、実際の大気の中ではスケールの異なる気象現象が相互に影響し合いながら存在しています。

2 大気の場

2-1 風や気温の場

　地上気象観測や高層気象観測で得られた風向・風速、気温、気圧や水蒸気量などの時間的、空間的な広い範囲での分布状態を「大気の場」と言います。例えば、「西高東低型」と呼ばれる冬季の代表的気圧配置がありますが、これはユーラシア大陸のシベリア付近に優勢な高気圧があって、西太平洋に発達した低気圧が位置し、日本から見ると西に高気圧、東に低気圧が位置する気圧配置です。この気圧配置の時、日本列島には大陸から北西の冷たい季節風が吹き、大陸から乾燥した寒気が運ばれて来ます。このような空気の流れの状態を「北西風の場」と呼んでいます。

　北西風が卓越している冬季、日本海側の地域には雪が降り、寒気が強い時は大雪となります。この降雪のメカニズムは図1-2-1のようになっています。冬の北西季節風が強い時、大陸から運ばれてくる冷たく乾燥した空気は、日本列島に到着する前に日本海を横断します。日本海は冬季でも暖流の影響で海面水温は10℃より高く、海面からは蒸発が盛んです。そして、大陸育ちの冷たく乾燥した空気は、日本海を横切る時に多くの水蒸気を獲得します。同時に海面水温が高いために海面近くの空気は暖められ、大気下層は気温減率が大きくなり不安定となります。このため、対流が活発となって対流雲が発生します。図1-2-2の気象衛星赤外画像に見られる日本海に筋状に並ぶ雲列は、熱対流によって発生したものです。

　日本海で発生したこの対流雲は、日本海側の地域に運ばれ雪を降らせます。さらに、雪雲は日本列島の背梁山脈を越える時に強制上昇し、より発達した積乱雲となり山沿いや山間部の地域に大雪をもたらします。

　日本海側の地域に降る雪は、日本海上に発生する積雲の中で形成され、その雲は大陸からの冷たい乾燥した空気の下で発生します。さらに、この寒冷な乾燥した空気は大陸上の優勢な高気圧圏内の中で生成されることから、それぞれの現象が1-2項で説明した階層構造となっているのが分かります。なお、大陸からの寒気の吹き出しが強いと、海面からの蒸発量が多くなり、大陸の陸岸近くから対流雲が発生し、風向に沿ってびっしりと並びます。一方、寒気の流入が弱い時には対流雲の発生位置は陸岸から離れ、積雲列までの離岸距離は長くなります。

図 1-2-1 大気場と気象現象

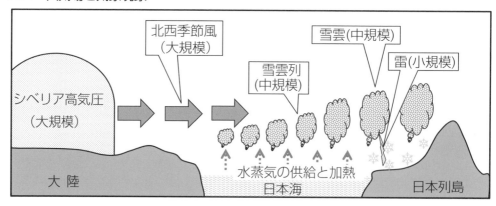

図 1-2-2 北西風場の雪雲列

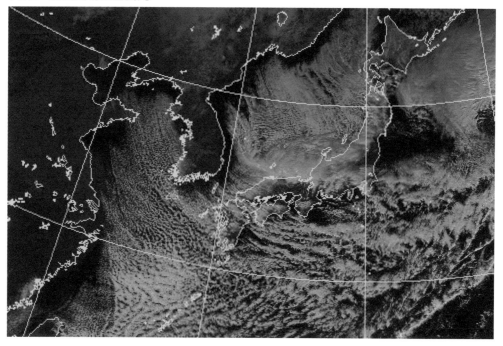

2-2 気圧の場

　Capter 2で説明する高層天気図には等高度線が描かれています。この等高度線は上空の空気の流れを表し、南北方向に波打ち、「偏西風波動」と呼ばれます。南北に蛇行した大気の流れは、さまざまな波長の波によって合成されています。波長が10,000km内外のものは「超長波」、波長5,000〜6,000kmの波は「長波」と言い、地球規模に及ぶ波動なので「惑星波（プラネタリーウェーブ）」とも呼ばれ、強大な山岳や大陸と海洋の影響によって形成されます。超長波や長波は持続性が強く停滞するなど、動きが非常に遅いという特徴があります。この波動に対応するのが、図1-1-2で説明した地球規模の現象です。一方、日々の天気変化に大きく関係する温帯低気圧や移動性高気圧は、波長3,000km程度の「短波」と呼ばれる波動です。この波は平均して1日におよそ1,000kmの速さで東に移動します。

　このような地球を取り巻く大気の流れの中で、超長波や長波の谷の位置に着目して、「西谷」とか「東谷」という用語があります。西谷とは日本の西に気圧の谷が形成される状態、日本の東に谷が形成されている場合は東谷と言います。

　超長波や長波は動きが遅いので、日本付近の天気の傾向を左右します。西谷の時は暖かく湿潤な南西の気流に覆われ、雨や曇りの天気になりやすくなります。例えば、日本付近を地上の低気圧が通過して一時的に天気が回復しても、上空には南西風が持続して吹き、天気は変わりやすく安定した晴天は期待薄です。一方、東谷の場合は冷たく乾燥した北西の気流が日本の上空に流入し、低気圧の通過で一時的に天気が崩れても、低気圧通過後の天気の回復は早くなります。

図　1-2-3　西谷と東谷

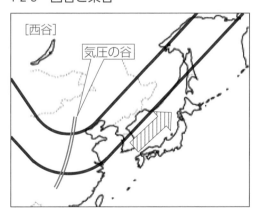
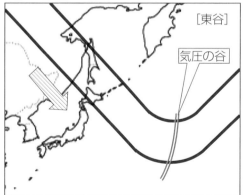

　気象現象の規模が大きいほど、より大きな波長を持つ波動に支配されるという特徴があるので、気象現象の発生や盛衰を検討する場合には、このような「大気の場」を把握しておくことも大切です。

気象観測と実況気象図

　天気を予報する場合、現在の気象状態を知ることが第一歩となります。各国の気象機関は世界的に決められた時刻に一斉に観測を行っています。気象観測の種類には地上観測や高層観測などがあり、他に気象衛星や気象レーダーなどによるリモートセンシングも実施されています。これらの観測データは国際気象回線を通じて世界中で交換され、天気図の作成や種々の数値予報のデータとなり、天気予報作業に欠かせない資料となっています。

　このChapterではそれらの観測データを表現した各種気象図について説明します。天気図の解析では、各種等値線や記号、さらに表記されている数値が何を表現したものであるかをしっかり把握しておくことが必要です。

1　地上の気象観測と天気図

1-1　地上の気象観測データ

　気象の観測は世界的に取り決められた時刻に行われます。地上観測では観測点の地表付近の風向・風速、天気、気温、露点温度、雲量、雲の種類、視程、気圧などを観測します。観測する際にも、気温は地上約1.5mの高さが基準とか、風は平らで開けた風通しの良い所で、地上約10mの高さで観測するなどの決まりもあります。気圧や気温などは気象観測器を用いて測定し、雲や視程などは観測者の目視によって観測しています。

　各観測地点での観測結果は、図2-1-1のように数値や各種記号を用いて地図上に記入されるので、観測点がどのような気象状態であるかが分かります。

■ 図 ■　2-1-1　プロット記号

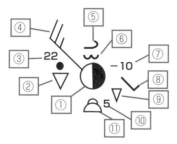

①	全雲量	⑤	上層雲形	⑨	過去天気
②	現在天気	⑥	中層雲形	⑩	最下層雲量
③	気温	⑦	気圧変化量	⑪	下層雲形
④	風向・風速	⑧	気圧変化傾向		

雲量

雲量	0	1以下	2〜3	4	5	6	7〜8	9〜10 隙間有	10 隙間無	不明 天空	観測 機器無
記号	○	◐	◔	◔	◑	⊕	◕	◐	●	⊗	⊖

主な雲形

⌒	⌇	⌇	⌐	⌣	⌢	⌐	⌒	⌂	⊓	---	─
巻雲	巻層雲	巻積雲	高層雲	高積雲	層積雲	乱層雲	積雲	雄大積雲	積乱雲	積雲・断片 層雲・断片	層雲

主な天気記号

⌇	∞	S	＝	≡	⸲	●	✶	＊	△	▲	⚡
煙	煙霧	ちり煙霧	もや	霧	霧雨	雨	みぞれ	雪	あられ	ひょう	雷

地上気圧は単位地表面積当たりの地表面から大気上端までに含まれる大気の重さを表したものです。観測点の標高はバラバラで、高度が高くなるほど気圧は低くなるので、標高の高い観測点で測定した気圧 (現地気圧) は平地の気圧値に比べ低くなります。そのような現地気圧値を、相互に比較してもあまり意味はありません。そこで、地上気圧に関しては、次のような処置が行われています。各観測地点の現地気圧値を一定の高度に換算して比べます。日本では、図2-1-2のように各地の現地気圧を東京湾の平均海面 (高度0m) の値に換算しています。この平均海面の値に換算することを「海面更正」と言い、換算された気圧を「海面更正気圧」と言います。

■図■ 2-1-2　現地気圧と海面更正気圧

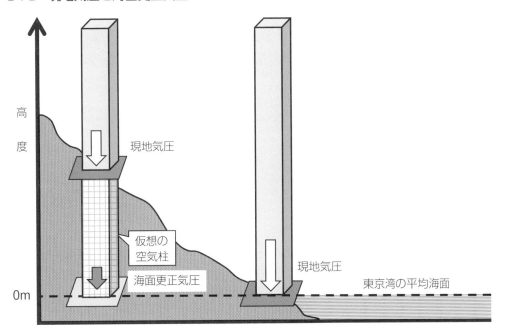

地上天気図には、この海面更正気圧値の等しい地点をつないだ等圧線が引かれています。地上天気図は、地上から上層までの大気を総合した状態の結果を表現していて、Chapter 1で説明したシノプティックスケール (総観規模) の気象擾乱を把握するために基本となる気象図です。高気圧や低気圧の発生・発達・衰弱過程、前線の発生や変化を知ることができ、さらに、それらに伴う天気分布や変化などを把握するのに役立つ天気図となっています。

1-2 アジア太平洋地上天気図

この天気図は地上観測の結果を表した解析図です。協定世界時（UTC）の00時を基準に、6時間おきに00、06、12、18UTCの天気図が作成されます。

図 2-1-3 アジア太平洋地上天気図（ASAS）

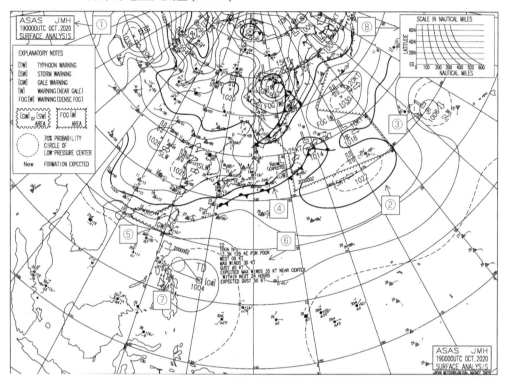

①略号

天気図の左上隅と右下隅にある箱枠に天気図の種類や地域、そして解析日時が表記されます。

AS： 地上解析（Analysis Surface）　**AS：** アジア太平洋領域（Asia）

JMH： 無線模写通報

190000UTC OCT 2020： 解析日時 2020年10月19日0000UTC（日本時間9時）

SURFACE ANALYSIS： 地上解析図

②等圧線

気圧1,000hPaを基準に等圧線が4hPa毎に実線で引かれ、20hPa毎に太い実線となります。なお、等圧線の間隔が広い場合は、必要に応じ破線で2hPa線が描画されます。

③高気圧、低気圧

英文字のHは高気圧を、Lは低気圧を表し、それぞれの中心は×が表示された所です。そして、×印の近くに中心気圧を表す数値が表記されます。

高気圧や低気圧の移動方向は"⇒"の矢印で示し、その先端に移動速度を表す数値が表記されます。移動速度はノット単位で、移動速度が5kt以下で移動方向が定まっている場合はSLW、方向が定まらない場合はALMOST STNRと示されます。SLWはslowly (ゆっくり)、ALMOST STNRはalmost stationary (殆ど停滞) という意味です。

④前線

前線には温暖前線、寒冷前線、停滞前線、そして閉塞前線の4種類があり、図2-1-4の前線記号で表記されます。

図 2-1-4 前線記号

記号	種類	暖気や寒気の動き
	温暖前線	寒気に向かって暖気が押していく前線
	寒冷前線	暖気に向かって寒気が押していく前線
	停滞前線	寒気と暖気の勢力が伯仲し、前線の動きが殆どない前線
	閉塞前線	寒冷前線が温暖前線に追いついた前線

⑤全般海上警報

全般海上警報は、船舶の安全航行のために気象庁から発表される警報です。

国際的に定められた広い海域を対象とし、気象庁は北太平洋西部 (赤道～北緯60度、東経100度～東経180度) を担当しています。警報には図表2-1-1のような種類があり、それぞれ定められた記号を用いて表記されます。

2-1-1 　全般海上警報

記号	種類	内　容
[W]	海上風警報	海上で風速が28kt以上34kt未満（13.9m/s以上17.2m/s未満、風力階級は7）の状態に既になっているか、または24時間以内にその状態になると予想される場合
[GW]	海上強風警報	海上で風速が34kt以上48kt未満（17.2m/s以上24.5m/s未満、風力階級は8〜9）の状態に既になっているか、または24時間以内にその状態になると予想される場合
[SW]	海上暴風警報	＊温帯低気圧の場合は、海上で風速が48kt以上（24.5m/s以上、風力階級は10以上）の状態に既になっているか、または24時間以内にその状態になると予想される場合 ＊台風の場合は、海上で風速が48kt以上64kt未満（24.5m/s以上32.7m/s未満、風力階級は10〜11）の状態に既になっているか、または24時間以内にその状態になると予想される場合
[TW]	海上台風警報	台風により海上で風速が64kt以上（32.7m/s以上、風力階級は12）の状態に既になっているか、または24時間以内にその状態になると予想される場合
FOG [W]	海上濃霧警報	海上の視程が概ね500m（瀬戸内海では1km）以下の状態に既になっているか、または24時間以内にその状態になると予想される場合

⑥台風情報

図　2-1-5 　台風情報

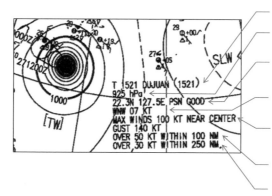

国際分類(注1) Typhoon 、2015年21号、名前 DUJUAN

中心気圧：925hPa

中心位置：北緯22.3度　東経127.5度
位置の信頼度(注2)：正確

進行方向：西北西　7kt

中心付近の最大風速：100kt
最大瞬間風速：140kt

50kt以上の暴風半径：中心から100NM以内

30kt以上の強風半径：中心から250NM以内

（注1）熱帯低気圧の分類

TD	風速34kt未満
TS	風速34kt〜48kt未満
STS	風速48kt〜64kt未満
T	風速64kt以上

（中心付近の最大風速による）

（注2）位置の信頼度の分類

GOOD	正確（30NM以下）
FAIR	ほぼ正確（30NM超　60NM以下）
POOR	不確実（60NM超）

⑦台風又は発達した低気圧の表示

　台風又は発達した低気圧には、図2-1-6のような予報円が表示されます。

　予報円は12時間後、24時間後のそれぞれの時刻に70%の確率で中心が入る範囲を表します。

■ 図 　2-1-6　台風の進路予報

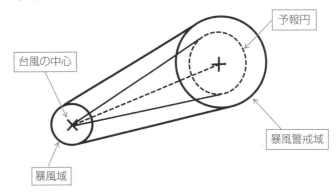

予報円　～　予想時刻に台風の中心が到達すると予想される範囲（円内に中心の入る確率は70%）
暴風警戒域　～　予想された時刻に、円内のどこかが暴風域になる恐れのある範囲

⑧スケール

　縦軸に緯度をとり、それに対応する海里を横軸にとったスケールです。

2 高層の気象観測と天気図

2-1 高層気象観測所と観測方法

　高層気象観測は気圧、気温、そして湿度の各センサーと、それらのセンサーで測定した観測値を送信する無線送信機から構成された機器を気球に吊り下げて、上空に飛揚させて実施します。観測時刻は00UTCと12UTCの1日2回、地上から上空約30kmまでの気圧、気温、湿度、そして風向・風速を測定します。この観測は「ラジオゾンデ観測」と呼ばれ、気象庁は国内16地点の高層気象観測所で観測を行っています。

図　2-2-1　高層気象観測所

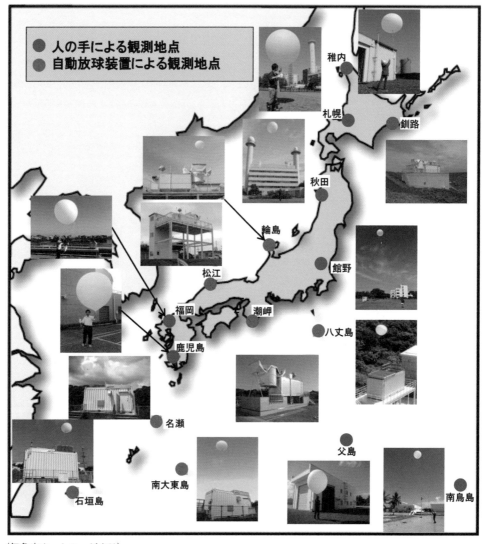

（気象庁ホームページより）

ラジオゾンデ観測には「レーウィンゾンデ」と「GPSゾンデ」の2種類があります。前者は地上に設置する自動追跡装置型方向探知機で飛揚するゾンデを追跡し、風向・風速を計算します。高度は気圧、気温、湿度の測定値から静力学平衡の関係をもとに計算され、高度、風向・風速は間接的な手法で求めています。

一方、GPSゾンデではGPSによる位置情報を用い、高度、風向・風速を直接的に測定しています。現在、気象庁で行われている観測はGPSゾンデによるものです。

それらの測定値をもとに観測所上空の熱力学的な特性を調べるための図や日本上空の鉛直方向の大気構造を表現した図、さらに広い範囲の水平方向の大気の流れを表現したさまざまな気象図が作られています。次に、それら各種天気図について見ていきましょう。

2-2 エマグラム

一地点のラジオゾンデ観測による気温、湿度、風向・風速などの観測データを分析検討するために使用する図が断熱図で、その一つにエマグラムがあります。

通常、横軸が温度、縦軸が気圧の対数目盛りとなっていて、図には高層気象観測から得られた気温と露点温度の鉛直分布曲線（状態曲線）、各気圧面の風向・風速が表記されています。

図　2-2-2　エマグラム

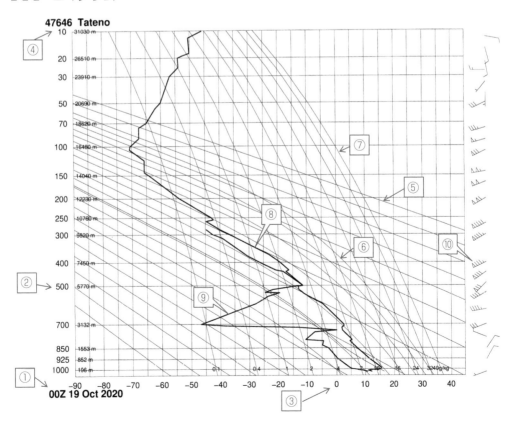

①観測日時

世界時 (UTC) で表示されます。

00Z 19 Oct 2020：観測日時 2020年10月19日0000UTC (日本時間9時)

②縦軸

気圧 (hPa) が対数目盛りで表示されます。

③横軸

温度 (℃) で等間隔で表示されます。

④観測所名

国際地点番号と観測所名が表示されます。[47646 館野]

⑤乾燥断熱線

傾斜の緩やかな実線で描画されます。空気塊が乾燥断熱的に鉛直運動する時の空気塊の気圧と気温の関係を示しているので、この線は等温位線となります。この線が1,000hPaに達した時の温度が温位です。

⑥湿潤断熱線

斜めにやや湾曲した実線で、飽和状態にある空気塊が鉛直運動する場合の気圧と気温の関係を表します。

⑦等飽和混合比線

傾斜が急な実線で描画され、単位は混合比を表す g /kg で記入されます。等飽和混合比線は露点温度の減率を表します。

⑧気温

鉛直方向の気温分布を表します。

⑨露点温度

露点温度分布を表します。なお、高い高度では大気中の水蒸気量は少なくなり、さらに観測機器の誤差も大きくなるため高高度では描画されません。

⑩風向・風速

各気圧面での風向・風速が表記されます。

2-3　高層天気図

　一定気圧面の気象観測値を地図上に表示したのが高層天気図です。一定気圧面として850hPa、700hPa、500hPa、300hPa、250hPa、そして200hPaの天気図が作成されます。各気圧面の高さは一定ではなく、場所によって高さは異なり凹凸しています。高層天気図には気圧面の高さを表す等高度線が引かれていて、図2-2-3のように周りよりも高度の低い凹部は低圧部、逆に周りに比べて高度の高い凸部は高圧部と考えます。高層天気図の等高度線は地上天気図の等圧線と同じように見做すことができ、等高度線の間隔が狭く混み合っている領域は気圧傾度力が大きく、逆に間隔の広い領域は気圧傾度力が小さくなります。

　なお、高層天気図には高度以外に風向・風速、気温、湿数 (500hPa以下) が表記されているので、水平的な大気の流れや温度や湿潤域の分布を知ることができます。

図　　2-2-3　一定気圧面の高度分布

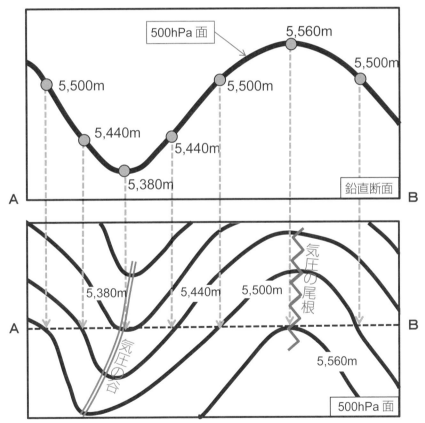

図 2-2-4　850hPa/700hPa 高層天気図

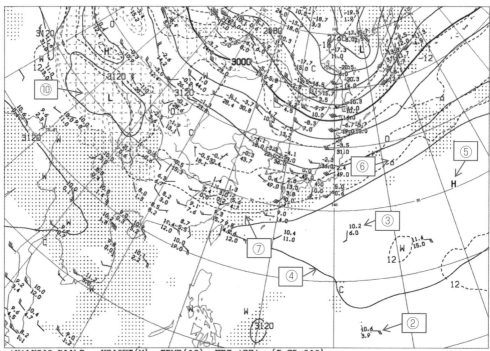

ANALYSIS 700hPa: HEIGHT(M), TEMP(°C), WET AREA::(T-TD<3°C)

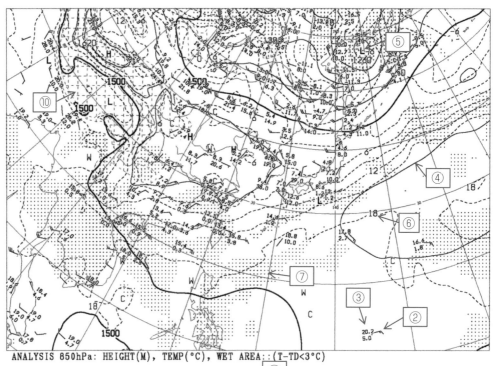

ANALYSIS 850hPa: HEIGHT(M), TEMP(°C), WET AREA::(T-TD<3°C)

AUPQ78　　190000UTC OCT 2020 ← ①　　　　　*Japan Meteorological Agency*

図 2-2-5　500hPa/300hPa 高層天気図

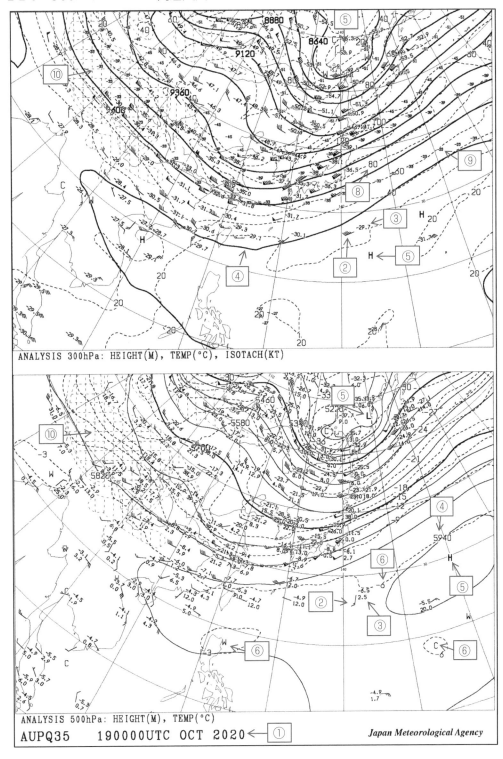

ANALYSIS 300hPa: HEIGHT(M), TEMP(°C), ISOTACH(KT)

ANALYSIS 500hPa: HEIGHT(M), TEMP(°C)

AUPQ35　190000UTC OCT 2020 ← ①

Japan Meteorological Agency

①略号

天気図の種類や地域、そして解析日時が表記されます。

AU：高層解析（Analysis Upper）　**PQ**：北西太平洋（Western North Pacific）

78：700hPaと850hPa及び**35**：300hPaと500hPa

190000UTC OCT 2020：解析日時 2020年10月19日0000UTC（日本時間9時）

②風向・風速

矢羽根の軸は風向を表し、北（360度）から時計回りに5度ごとに方向が表示されます。そして、風速はノット単位で短い矢羽根1本は5kt、長い矢羽根1本は10kt、旗羽根1本は50ktの強さに相当します。

③気温と湿数

上段の数値は気温、下段の数値は湿数（気温−露点温度）を表します。

単位は℃です。なお、300hPa面では湿数は表記されません。

④等高度線

実線は等高度線で、850hPaは高度1,500m、700hPaは高度3,000m、500hPaでは高度5,700mを基準に60m毎に描画され、高度300m毎に太い実線となっています。300hPaは高度9,600mを基準に、太い実線で120m毎に描かれます。高度の高い所は気圧の高い所に、高度の低い所は気圧の低い所に相当し、高度の低い方から高い方に向かって等高度線が突き出した部分は「気圧の谷（トラフ）」、逆に高度の高い方から低い方に向かって等高度線が突き出した部分は「気圧の尾根（リッジ）」です。

⑤高気圧・低気圧

閉じた等高度線で周囲より最も高度が高い領域は高気圧で、Hの記号が示されます。逆に、周囲より最も高度が低く閉じた等高度線の領域は低気圧で、Lの記号が表示されます。地上天気図のように中心を表す×の表記はなく、HやLの記号のところがそれぞれの中心位置です。

⑥等温線

850hPa、700hPa、そして500hPa天気図上の破線は等温線です。等温線は0℃を基準に6℃毎に描画されますが、850hPa及び500hPaでは暖候期（4月〜9月）は3℃毎に引かれます。そして、温度場で周囲より暖かい暖気の中心にはWが、周囲より冷たい寒気の中心にはCが表示されます。

⑦湿潤域

850hPaと700hPaでドット（点）が表記されている領域は、湿数が3℃未満の湿った領域を表します。

⑧等風速線

300hPaには等風速線が破線で20kt毎に描かれ、破線上に風速値が表記されます。

⑨代表地点の気温

300hPaでは等温線は表記されず、6℃毎に気温の値が2桁の小さな数値の配列（スポット表示）として表記されます。

⑩高標高領域

天気図の北西部には縦の破線と横の破線が描かれた所があります。この区域はチベット高原などが存在する山岳地帯です。標高1,500m以上の領域には縦の破線が、縦横の破線の領域は標高3,000m以上の領域に該当します。

2-3-2　250hPa、及び200hPa高層天気図

図　2-2-6　250hPa 高層天気図

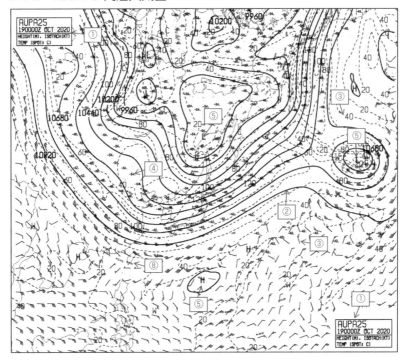

図　2-2-7　200hPa 高層天気図

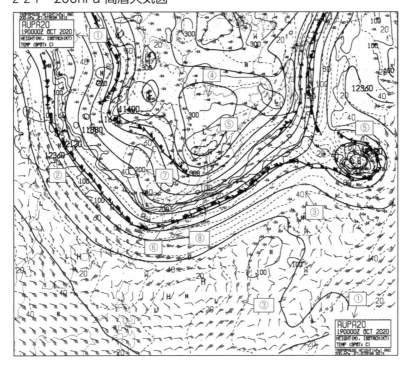

①略号

　天気図の左上隅と右下隅の箱枠に天気図の種類や地域、そして解析日時が表記されます。

AU：高層解析（Analysis Upper）　**PA**：太平洋（Pacific）

25：250hPa、及び**20**：200hPa

190000UTC OCT 2020：解析日時2020年10月19日0000UTC（日本時間9時）

②等高度線

　250hPaは高度10,200m、200hPaは高度12,120mを基準に、太い実線で120m毎に等高度線が描かれます。

③等風速線と風向・風速

　等風速線が破線で20kt毎に引かれ、破線上に風速値が表記されます。さらに、11月～3月の期間は北緯20度以南、4月～10月の間は北緯30度以南の地域には、客観解析した風向・風速が表示されます。

④気温

　300hPa天気図と同様に等温線の表示はなく、気温値が2桁の小さな数値の配列（スポット表示）として6℃毎に表記されます。そして、温度場で周囲より暖かい暖気の中心にはWが、周囲より冷たい寒気の中心にはCが表示されます。

⑤高気圧、低気圧

　低気圧の位置にL、高気圧の位置にHが表記されます。

⑥ジェット気流軸

　200hPa天気図にはジェット気流軸（60kt以上）が解析されていて、ジェット気流軸に沿って風向・風速が矢羽根で表示されます。

⑦圏界面高度

　200hPa天気図には、圏界面高度の等値線が50hPa毎に太い点線で描画されます。

　圏界面高度を表す気圧値は100hPa毎に表記され、圏界面高度が周囲に比べ相対的に低い所には白抜きの𝕃、高い所は白抜きのℍが表記されます。

⑧主な国際空港のICAOコード

　主な国際空港には、ICAO（International Civil Aviation Organization）の4文字空港コードが表記されます。なお、新東京国際空港（成田）のコードはRJAAです。

以上、各等圧面の天気図の特徴を纏めると図表2-2-1の通りとなります。

図表 2-2-1　各等圧面天気図の特徴

等圧面	特　徴
850hPa	高度は約5,000ftで、対流圏下層を代表する天気図です。 この高度付近は地表面からの熱や水蒸気、また地形や地表面の凹凸などによる摩擦の影響を受けることが少なくなります。前線の位置や前線の強さ、暖気や寒気、水蒸気量の流入や下層の強風域などを見ることができます。
700hPa	高度は約10,000ftで、対流圏中・下層を代表する天気図です。 大気の流れは850hPa面より単純です。気温場や水蒸気分布などが分かりやすく、湿潤域は雨雲と良く対応しています。また、気圧の谷や温度場を把握し、地上低気圧の発達状況を解析できます。
500hPa	高度は約18,000ftで、対流圏中層の天気図です。 気圧の谷や尾根、温度場の谷や尾根を検出し、地上低気圧との位置関係から擾乱の移動や発達状況を把握できます。さらに、上空の寒気の動きに着目することで、大気の不安定度を解析できます。
300hPa	高度は約30,000ftで対流圏上層の天気図です。 ジェット気流の動向を把握できます。
250hPa	高度は約34,000ftの天気図で、基本的には300hPa天気図と同じです。 ジェット気流の中心付近の高度に対応しているので、ジェット気流の位置の把握に有効です。
200hPa	高度は約39,000ftの天気図で、成層圏下部を表した天気図です。 亜熱帯ジェット気流の中心付近の高度に対応し、ジェット気流の位置の把握に有効です。また、圏界面の高度分布を把握できます。

2-4　高層断面図

　この天気図も00UTCと12UTCのラジオゾンデ観測の観測値をもとに、東経140度と東経130度の子午線に沿った大気の鉛直断面を表したものです。この断面図からジェット気流や前線構造を知ることができます。

図　2-2-8　鉛直断面の切り口（高層気象観測所の配置）

東経140度	
①	父島
②	八丈島
③	館野
④	秋田
⑤	札幌
⑥	稚内
⑦	JUZHNO-SAHALINSK

東経130度	
①	南大東島
②	名瀬
③	鹿児島
④	福岡
⑤	POHANG
⑥	OSAN
⑦	HAMHEUG
⑧	YANJI
⑨	DAL'NERECHENSK
⑩	YICHUN

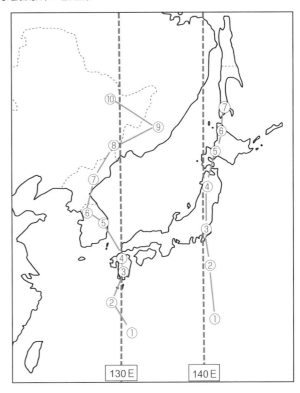

図 2-2-9　高層断面図

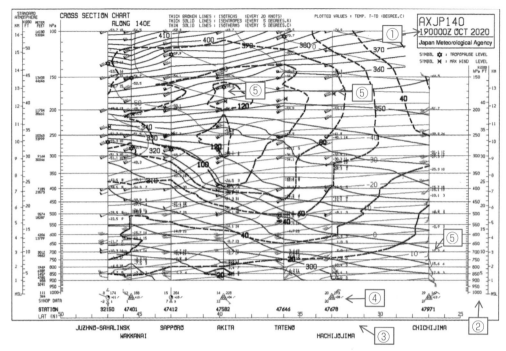

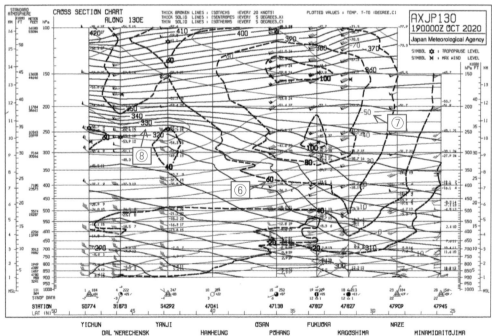

①略号

天気図の右上隅にある箱枠内は天気図の種類や地域、そして解析日時を表します。

AX：種々の解析（Analysis Miscellaneous）　**JP**：日本（Japan）

130：東経130度　　**140**：東経140度

190000UTC OCT 2020：解析日時2020年10月19日0000UTC（日本時間9時）

②縦軸

気圧（hPa）、及び標準大気における高度軸で、ftとkmが表記されます。

③横軸

緯度目盛りで、高層気象観測所の地点名と観測所地点番号が表記されます。

④地上観測データ

各観測所の地点名の上に、地上気象観測データが数値や記号を使って表示されます。

⑤観測所の風、気温、湿数、圏界面などの観測値

風向・風速は矢羽根で表し、矢羽根の右側には気温、湿数の値が表記されます。さらに、圏界面高度は☆印、最大風速高度が×印で表記されます。

⑥等風速線（ISOTACHS）

20kt毎に太い破線で描画され、風速値は20kt毎に表示されます。

⑦等温線（ISOTHERMS）

5℃毎に太い実線で描画され、10℃毎に気温値が表示されます。

⑧等温位線（ISENTROPES）

5K毎に太い実線で描画され、10K毎に温位値を表示されます。

3 その他の観測資料

3-1 気象衛星画像

　テレビの気象情報番組で目にする宇宙から見た雲の画像は、気象衛星が捉えた広大な地域の雲の分布です。各国がさまざまな気象衛星を打ち上げていますが、日本は「ひまわり」と呼ばれる静止気象衛星を東経140.7度の赤道上空35,800kmの高度に打ち上げ、雲を観測しています。気象衛星の観測した雲画像から、雲域の拡がりや雲の種類を面として捉えることができ、雲の状態から天気図に表現されている高気圧、低気圧や前線、さらに上空の大気の流れを具体的な姿として見ることができます。

　気象衛星の撮影した画像には「可視画像」、「赤外画像」そして「水蒸気画像」があります。それぞれ画像から雲域の特性を読み取るには、各画像上でさまざまな種類の雲がどのように表現されるかの知識が必要です。そこで、各画像の特徴を見てみましょう。

3-1-1 可視画像 (Visual picture)

　人の目に見える電磁波長を可視光線と言います。太陽からの可視光線の反射光の強さを表したのがこの可視画像です。雲や地表などからの太陽光の反射を捉えていて、太陽光の照らされている部分だけが表されるので、夜間の雲分布は分かりません。なお、水平分解能は衛星の直下で1kmです。

■図■　2-3-1　気象衛星可視画像

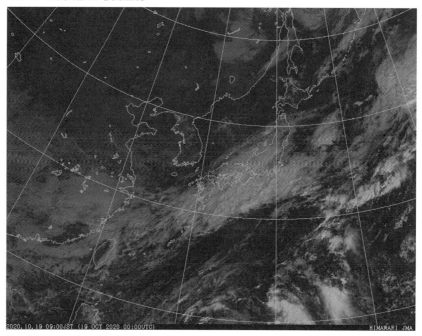

2020.10.19 09:00JST (19 OCT 2020 00:00UTC)　　　　HIMAWARI JMA

画像では太陽光の反射が強いほど白く、反射光が弱いほど灰色に、反射光がないと黒として表現されます。このため、対流性の厚い雲や下層雲のように多量の水滴を含む雲は、太陽光を多く反射するので明るく映ります。また、地表の新しい雪氷なども白く映ります。一方、上層雲のような薄い雲は暗く見えます。なお、映像の明暗は太陽があたる角度、場所や時間により異なり、早朝や夕方の区域は暗く映るので、可視画像を見る場合は注意が必要です。

3-1-2　赤外画像 (Infrared picture)

物体は温度が高ければ強い赤外線を放射し、温度が低いと放射される赤外線は弱くなるという性質があります。この性質を利用したのが赤外画像で、赤外放射エネルギーの弱い温度の低い所ほど白く、赤外放射エネルギーの強い温度の高い所は黒くなるように画像処理されています。従って、上層の雲ほど温度は低くなるので画像では白く表現され、雲頂高度の低い雲ほど灰色に表現されます。

図2-3-3のように上層雲や積乱雲などの背の高い雲は明るく、下層雲のような背の低い雲は暗く表されます。可視画像とは異なり、昼夜を問わず観測できるため連続した雲域の観測が可能です。水平分解能は衛星の直下で2km、可視画像に比べ分解能はやや低くなります。

図　　2-3-2　気象衛星赤外画像

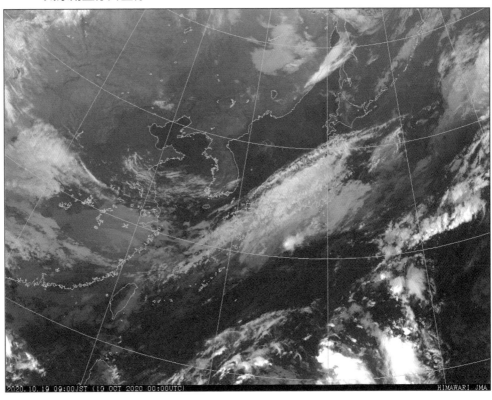

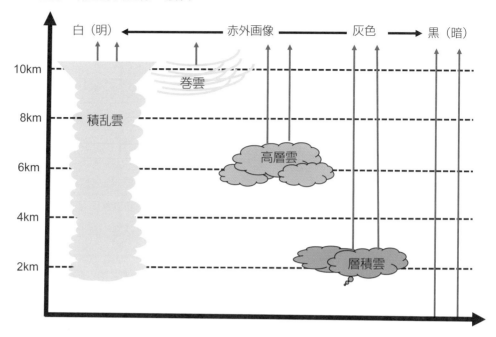

3-1-3　水蒸気画像 (Water vapor picture)

　気象衛星「ひまわり」は可視センサーや赤外センサーの他に、波長6.2μm、6.9μm、7.3μm、の特定波長帯の赤外放射エネルギーの強さも測定しています。この波長帯は大気中の水蒸気に吸収されやすい性質があるため、中、上層で水蒸気が多い場合は温度の高い下層からの赤外放射の多くはそれらの水蒸気に吸収されます。

　このような下層からの赤外線放射が届かない区域は水蒸気量が多く、画像では明るく（白く）表現されます。この白い領域は「明域」と呼ばれ、湿潤域や中、上層雲の水蒸気が運ばれる上昇流域を表します。一方、水蒸気による赤外線の吸収の少ない所は暗く（黒く）表現され、乾燥域や中、上層雲のない下層雲域、上層の寒気の下降流域を表しています。この暗い（黒い）領域を「暗域」と言います。

図 2-3-4 気象衛星水蒸気画像

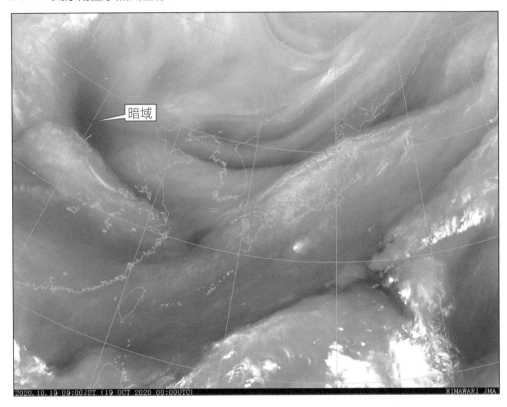

暗域

2020.10.19 09:00JST (19 OCT 2020 00:00UTC)　　　HIMAWARI JMA

　このような画像の特徴から、雲域の状態を細かく理解するには、各画像を組み合わせて見ることが必要です。気象衛星画像の雲形の見方については、Chapter 3で説明しています。

3-2 気象レーダーエコー

　RadarはRadio Detection And Ranging と言い、アンテナから電波を発射して半径数百kmの広範囲内に存在する雨や雪からの反射波をアンテナで受信して表示する観測装置です。降水レーダーは、アンテナから発射した電波が大気中の雨粒、雹、あられ、雪片などの降水粒子によって反射されて、戻ってくるまでの時間から降水粒子までの距離と方位を測り、戻ってきた電波の強さから降水の強さを測定します。

　アンテナで受信したレーダー電波の強さ「エコー強度」は、降水粒子の大きさや降水粒子の数、さらに降水粒子が液体か固体かによって左右されます。

　エコー強度は、レーダー電波の測定領域の単位体積内に含まれる降水粒子の直径の6乗の総和に比例します。さらに、降水粒子が雨滴の場合、雪やあられよりエコー強度は強くなる特徴があります。従って、大きな雨粒が沢山あるほど強いエコー域として観測されます。

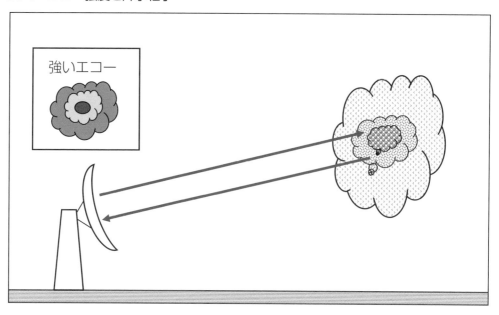

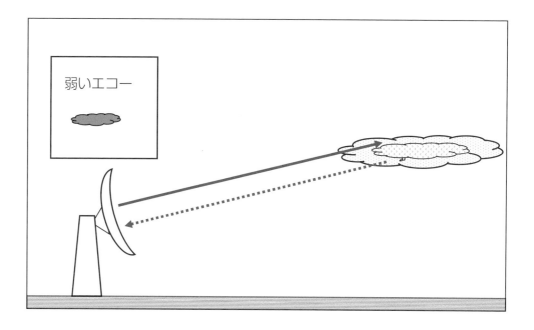

　なお、降水粒子が移動していると、電波発射時の周波数と反射波受信時の電波の周波数には違いが生じます。この電波周波数の変化によるドップラー効果の原理を利用して、降水粒子の移動方向と移動速度が分かり、風向・風速の測定も可能です。

　現在、気象庁は図2-3-6の通り気象レーダーを全国に20ヶ所に設置し、天気図などでは把握できない大気中の降水粒子の分布状況や集中豪雨、雷雲などの激しい現象を観測しています。

図 2-3-6　気象レーダーの配置

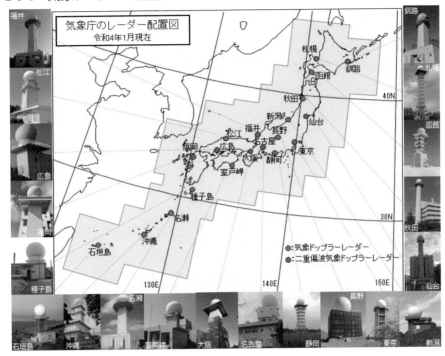

（気象庁ホームページより）

図 2-3-7　気象レーダーエコー

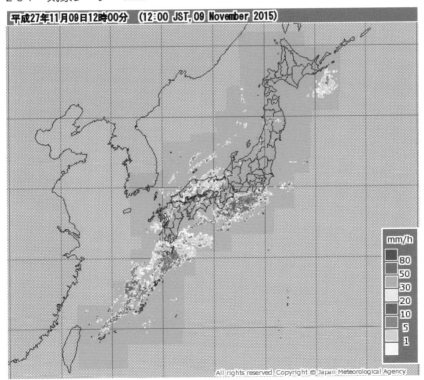

Chapter

3

数値予報と予想天気図

　地上天気図上で高気圧や低気圧の現在の移動速度をもとに、これまでの移動経路を将来に延ばして12時間先や24時間先の高気圧や低気圧位置を予測し、今後の天気を予報することは可能です。しかし、晴天をもたらす高気圧や雨をもたらす低気圧の移動が極端に遅くなったり、逆に早まると、その天気予報は大きく外れてしまいます。この手法による予報は人によって違いがあり、客観性に欠けます。

　科学技術の発達により、大気や海洋の状態は物理学の法則に従って変化することが解明され、現在は将来の大気の状態を数値計算によって求めることが可能となりました。そして、その数値計算の結果は予想天気図として提供されているので、天気を予報する場合にはそれらの予想天気図を読み取ることができれば、今後の天気変化を把握できます。

　この Chapter では、飛行前の気象確認で使用する予想天気図の種類や、表示されている物理量などについて学習しましょう。

1 数値予報

1-1 数値予報の概要

　将来の天気を予報するには、将来の気圧配置、気温や湿度などの分布を表した予想天気図を利用することが必要です。現在、そのような予想天気図はコンピューターで作成されています。大気や海洋の状態は、物理学の法則に従って変化することが証明されているので、運動方程式や熱力学の方程式などで計算できます。そのような方程式を用い、高速計算が可能なコンピューターによる数値計算で、将来の大気状態を求める手法を「数値予報」と言います。

　数値予報では初めに現在の大気状態を求めることが必要です。ある時刻の大気状態は気圧、気温、密度、湿度、そして風の要素で表現できるので、これらの要素を気象観測によって入手します。そして、大気を支配する前述の物理学の法則の方程式にそれらの気象要素（物理量）を代入して、微小時間後の変化量を計算することによって、将来の大気の状態を表す物理量を求めることができます。

　方程式で微小時間後の大気の変化量を計算するには、大気中のあらゆる地点で現在の大気状態を把握することが必要ですが、実際の気象観測において全地点の気象要素を得ることは不可能です。そこで、図3-1-1のような水平方向・鉛直方向に規則的な格子点網を設定し、その格子点毎の気圧、気温、密度、湿度、そして風の気象要素を求めます。但し、実際の観測地点は必ずしも格子点上にあるわけではないので、各格子点の周りの観測値を用いて、格子点における気象要素の代表的値を決めます。

　世界中から集めた観測データをもとに各格子点の値が計算され、現在の大気状態が再現されます。この格子点の値は「初期値」と呼ばれ、ある瞬間の大気全体像を表します。その初期値を前述の方程式にあてはめて計算を行うことで、微小時間後の変化を求めることができます。このような計算を短い時間間隔で繰り返し行うことによって、12時間先、24時間先の格子点の気象要素の値が求められ、将来の大気の状態が予測可能となります。

図 3-1-1 数値予報モデルの格子点網

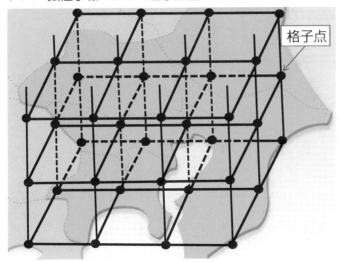

格子点

このような数値計算による手法は、高速計算が得意なコンピューターの出現によって実施可能となりました。天気予報では、この数値予報による予想天気図の理解が必要です。

1-2 **数値予報モデル**

大気の状態を支配する物理法則に基づく方程式を、コンピューターで解くプログラムを「数値予報モデル」と言います。現在、気象庁で稼働している数値予報モデルには「全球モデル」、「メソモデル」や「局地モデル」などいくつかのモデルがあります。図表3-1-1は航空気象で使用することの多い予想天気図の数値予報モデルです。パイロットやディスパッチャーは、飛行前の気象確認でさまざま天気図を検討しますが、それらの天気図がどのような気象要素を表現し、どのような気象現象までを予報対象とする天気図であるかを把握しておくことは大切です。ここで、数値予報モデルの概要について見てみましょう。

図表 3-1-1 **数値予報モデルの種類と特徴** (気象庁ホームページより)

数値予報システム	格子間隔	予報期間	主な利用目的
全球モデル (GSM)	約20km	5.5日間と11日間	府県天気予報、台風予報など
メソモデル (MSM)	5km	39時間と51時間	防災気象、航空気象情報など
局地モデル (LFM)	2km	10時間	防災気象、航空気象情報など

数値予報では、モデルの水平格子間隔の5〜8倍以上の空間スケールを持つ気象現象を表現できるとされています。例えば、最も水平格子間隔の小さい局地モデルの場合は、水平規模が10数km程度の気象現象までが対象となります。Chapter 1で気象現象のスケールについて説明しましたが、一つひとつの積乱雲の空間スケールは数km以下なので、最も水平格子間隔の小さい局地モデルでも、積乱雲個々の振る舞いを直接表現することは難しい状況です。

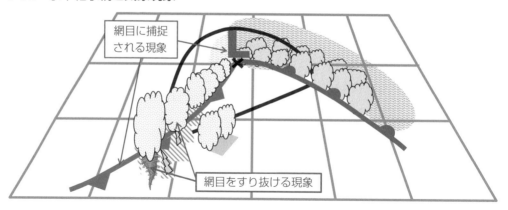

網目に捕捉される現象

網目をすり抜ける現象

　図3-1-3は気象庁で採用している各数値予報モデルが、どのようなスケールの気象現象までを表現できるかを表しています。竜巻などの小規模の現象は、現在の数値予報モデルの予報対象の範疇外です。特に、航空機の運航に影響を与える乱気流や被雷などの小規模の現象は、直接予報することが難しいことが分かります。天気図を解析する上で、使用する天気図がどのような気象現象までを表現できるかを知っておくことは大切です。

■ 図 ■　3-1-3　数値予報モデルと気象現象

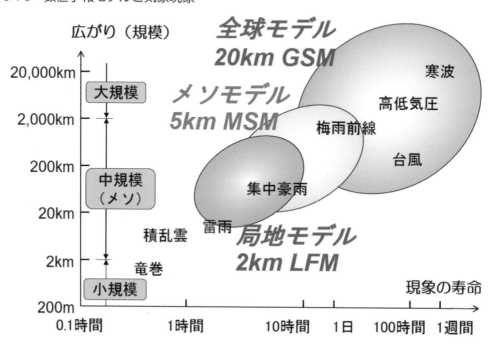

（気象庁ホームページより）

2 数値予報図

数値予報図には出発点（初期値）となる「解析図」と、12時間先や24時間先などの将来の状態を表した「予想図」があります。次に紹介する各天気図は、全球モデル（GSM）で計算された結果が用いられた天気図で、地球規模や総観規模現象から空間スケール100km以上のメソスケールの現象を予報対象としています。この天気図からは高気圧や低気圧の移動や発達を知ることができます。

2-1 500hPa高度・渦度と850hPa気温・風/700hPa鉛直流解析図

この天気図は解析図で予想図に対する初期値を表し、高度場や温度場、渦度や鉛直流（上昇流や下降流）などを表現しています。「極東500hPa高度・渦度解析図」と「極東850hPa気温・風、及び700hPa鉛直流解析図」の2種類の天気図が1組となっていて、前者は上段、後者は下段に掲載されています。

図 3-2-1　500hPa高度・渦度と850hPa気温・風/700hPa鉛直流解析図

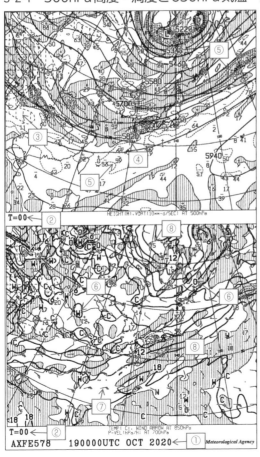

①略号

天気図の種類や地域、そして解析日時を表します。

AX：種々の解析（Analysis Miscellaneous）　**FE**：極東（Far East）

578：気圧面500hPa、700hPa、850hPa

190000UTC OCT 2020：解析日時2020年10月19日0000UTC（日本時間9時）

②予想時間

T＝00は数値予報を行うための初期値であることを表します。

③高標高領域

実況天気図と同様にチベット高原などが存在する山岳地帯で、標高1,500m以上の領域には縦の破線が、3,000m以上の領域には縦横の破線が描画されます。

上段の「極東500hPa高度・渦度解析図」

④等高度線

等高度線は5,700mを基準に60m毎に実線で描画され、300m毎に太い実線となっています。高度値は120m毎に表記されます。

⑤等渦度線

渦度0度の等渦度線は実線、その他は渦度40（×10$^{-6/sec}$）毎に破線で描画されます。縦の実線域は正の渦度域、白地の領域は負の渦度域で渦度の最大値、最小値が数値で示されます。

下段の「極東850hPa気温・風、700hPa鉛直流解析図」

⑥850hPa面の等温線

等温線が0℃を基準に3℃間隔で描画され、気温値は6℃毎に表示されます。寒気の中心付近に"C"、暖気の中心付近には"W"が表記されます。

⑦850hPa面の風

風向・風速を矢羽根で表し、約300km格子間隔で表示されます。

⑧700hPa面の鉛直p速度（上昇流や下降流）の等値線

上昇流や下降流の鉛直流の等値線が、20hPa/h毎に破線で描画されます。但し、鉛直流0の等値線は実線です。そして、縦の実線域は上昇流域、白地の領域は下降流域を表し、さらに上昇流域の極値付近には－の符号をつけて、下降流域には＋の符号をつけて極値が表記されます。なお、700hPa面付近で10hPa/hの鉛直流は、約3cm/secの大きさに相当します。

2-2 500hPa高度・渦度と地上気圧・降水量・海上風12・24時間予想図

この天気図は初期値 (T = 00) から出発して12時間先、24時間先の大気の状態を予想した天気図です。上段は500hPa面の高度や渦度、下段は地上の気圧分布、海上風と12時間降水量を予想しています。

図 3-2-2 500hPa高度・渦度と地上気圧・降水量・海上風 12・24時間予想図

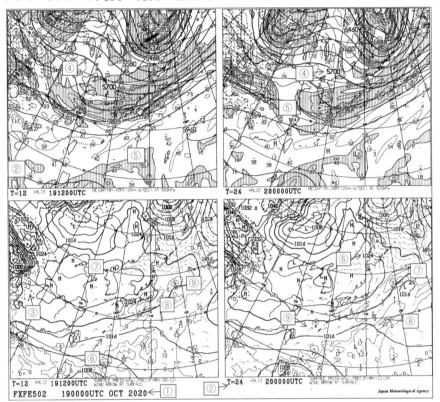

①略号

天気図の種類や地域、そして初期日時が表記されます。

FX：種々の予想図 (Forecast Miscellaneous) 　FE：極東 (Far East)

502：500hPa気圧面、地上の12時間、24時間予想図

190000UTC OCT 2020：初期日時 2020年10月19日0000UTC (日本時間9時)

②予想時間12時間、24時間の予想図

T = 12は12時間先、T = 24は24時間先の予想天気図であることを表します。

VALID 191200 UTC：予想日時 19日1200UTC (日本時間21時)

VALID 200000 UTC：予想日時 20日0000UTC (日本時間 9時)

③高標高領域

　解析図と同様にチベット高原などが存在する山岳地帯には、縦横の破線が描画されます。

　上段の「極東 500hPa 高度・渦度予想図」

　④「等高度線」、⑤「等渦度線」は 2-1 の解析図と同じ表記です。

　下段の「地上気圧・降水量・海上風予想図」

⑥等圧線

　1000hPa を基準に 4hPa 毎に実線、20hPa 毎に太い実線で描画されます。気圧値は 8hPa 毎に表示されます。

⑦高気圧、低気圧

　低気圧の中心に L、高気圧の中心には H の記号が表示されます。

⑧降水量

　予想時刻の 12 時間前から予想図の時刻までの 12 時間の予想積算降水量が表示されます。降水量は 0mm から 10mm 毎に最大 50mm まで破線で描画されます。＋印の地点に降水量の最大値が整数値で表記されます。

⑨海上風

　予測時刻の海上風が矢羽根で表示されます。矢羽根記号は、地上天気図や高層天気図の表記と同じです。

2-3 500hPa気温/700hPa湿数と850hPa気温・風/700hPa鉛直流12・24時間予想図

初期値（T＝00）から出発して12時間先、24時間先の状態を予想した天気図で、上段は500hPa面の気温と700hPa面の湿数、下段は850hPa面の気温・風と700hPa面の鉛直流を予想しています。

■図■ 3-2-3　500hPa気温/700hPa湿数と850hPa気温・風/700hPa鉛直流 12・24時間予想図

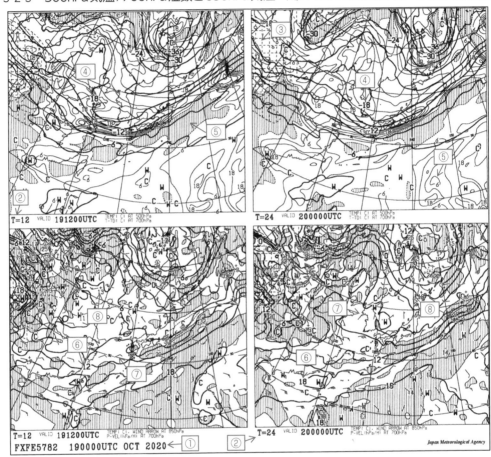

① 略号

天気図の種類や地域、そして初期日時が表記されます。

FX：種々の予想図（Forecast Miscellaneous）　FE：極東（Far East）

5782：気圧面500hPa、700hPa、850hPa　の12時間、24時間予想図

190000UTC OCT 2020：初期日時2020年10月19日0000UTC（日本時間9時）

②予想時間12時間、24時間の予想図

　T=12は12時間先、T=24は24時間先の予想天気図で、2-2の②と同じくValid Timeが表記されます。

　VALID 191200 UTC：予想日時 19日1200UTC（日本時間21時）

　VALID 200000 UTC：予想日時 20日0000UTC（日本時間9時）

③高標高領域

　2-2の③と同じです。

　上段の「極東500hPa気温/700hPa湿数予想図」

④500hPa面の気温

　500hPa面の等温線が0℃を基準に3℃毎に太い実線で描画され、6℃毎に値が表示されます。

⑤700hPa面の湿数

　700hPa面の湿数が6℃毎に細実線で描画され、湿数3℃未満の湿潤な領域には縦の実線が施されます。

　下段の「極東850hPa気温・風/700hPa鉛直流予想図」

　⑥850hPa面の気温、⑦850hPa面の風、⑧700hPa面の鉛直p速度（上昇流や下降流）は、2-1の解析図と同じ表記となります。

2-4　アジア太平洋海上悪天24時間予想図

　数値予報の結果を、気象庁の予報官が総合的に判断して作成した予想図です。1日2回、00UTCと12UTCの状態を予想しています。

①略号

　天気図の左上隅と右下隅の箱枠に天気図の種類や地域、そして予想日時が表記されます。

FS：地上予報（Forecast Surface）　AS：アジア太平洋域（Asia）　24：24時間予想

JMH：気象無線模写通報

181200UTC OCT 2020：初期日時 2020年10月18日1200UTC（日本時間21時）

FCST FOR 191200UTC：予想日時　　　　10月19日1200UTC（日本時間21時）

②等圧線

1000hPaを基準に4hPa毎に実線で描画され、20hPa毎に太実線となります。

必要に応じて2hPa毎に破線が示されます。

③高気圧、低気圧

高気圧や低気圧の中心に×印、H、Lの記号と中心気圧値が表示されます。

④前線

実況天気図と同じく前線記号を用いて表示されます。

⑤台風または発達した低気圧

全般海上暴風警報、全般海上台風警報及び台風に関する全般海上警報が発表される場合には、該当する低気圧や台風の中心気圧、最大風速などの記事が表記されます。

⑥強風

台風や発達した低気圧の中心付近などで30kt以上の強風が予想される場合、その領域に矢羽根で風向・風速が表示されます。

⑦霧域

直近のアジア太平洋地上天気図に濃霧の領域がある場合には、その領域がそのまま表示されます。

⑧海氷域

オホーツク海などで海氷が発生した場合、海氷域が表示されます。

⑨スケール

Chapter 2の1-2「アジア太平洋地上天気図」の⑧(25頁) と同じです。

図 3-2-4 アジア太平洋海上悪天24時間予想図

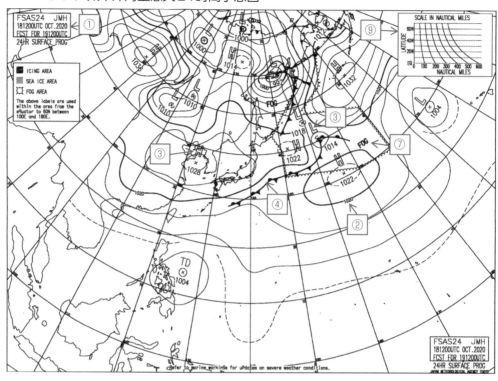

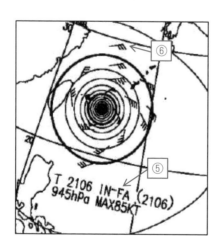

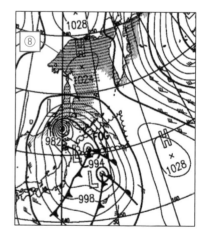

2-5 850hPa風・相当温位予想図

00UTCと12UTCを初期時刻とした850hPa面の風と相当温位の12時間先、24時間先、36時間先、そして48時間先の予想図で、1日2回発表されます。

図 3-2-5　日本850hPa風・相当温位予想図

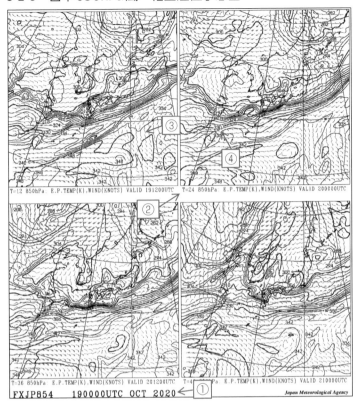

① 略号

天気図の下段に天気図の種類や地域、そして予想日時が表記されます。

FX：種々の予想図（Forecast Miscellaneous）　　**JP**：日本（Japan）

854：850hPa気圧面の12、24、36、48時間予想図

190000UTC OCT 2020：初期日時 2020年10月19日0000UTC（日本時間9時）

② 予想時間12、24、36、48時間の予想図

T＝12、24、36、48は、それぞれ12、24、36、そして48時間先の予想図であることを表し、VALIDの後に予想日時が表記されます。

③ 850hPaの風向・風速

約100km格子間隔で風向・風速が矢羽根で表示されます。

④ 850hPaの等相当温位線

300Kを基準に3K毎に実線で15K毎に太い実線で描画し、相当温位値は6K毎に表示されます。

3 航空のための気象図

3-1 国内悪天予想図 (FBJP)

　地上から高度約45,000FTまでの航空機の運航に影響する悪天現象の他に、低気圧などの地上気圧系やジェット気流軸などを予想した天気図です。00、06、12、18UTCを予報対象時刻とし、1日4回発表されます。

図 3-3-1　国内悪天予想図 (FBJP)

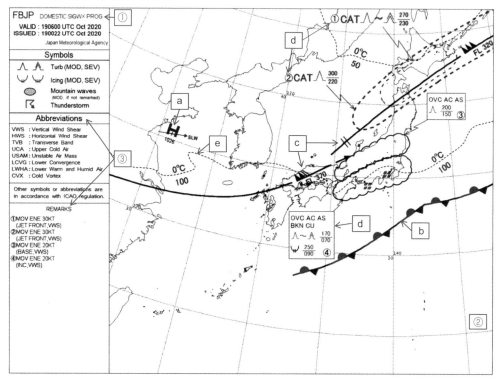

①略号

　左上欄に天気図の種類や地域、そして予想日時などが表記されます。

FB：悪天現象の予想図 (Domestic Significant Weather)　　**JP**：日本 (Japan)

VALID 190600UTC Oct 2020：予想日時 [2020年10月19日日本時間15時]

ISSUED 190022UTC Oct 2020：発表日時 [2020年10月19日日本時間9時22分]

②予想する悪天現象など (天気図内)

　「活発な雷電」、「熱帯低気圧」、「強いスコールライン」、「並または強の乱気流 (雲中または晴天)」、「並または強の着氷」、「ひょう」、「広範囲に広がった霧」、「広範囲に広がった砂じんあら

し」、「山岳波」、「着氷性の雨」、「降水」が予想されます。なお、天気図上に表示される内容は以下の通りです。

[a] 地上気圧系 (高・低気圧、熱帯低気圧、台風) の中心位置 (＋印)、気圧、移動方向、及び速さ (kt単位)

（速さが5kt以下はSLW、停滞はSTNR、また移動が5kt以下で方向が特定できない場合はALMOST STNR）

[b] 地上前線の位置、移動方向及び速さ

[c] ジェット気流軸と最大風速、高度

（軸上の矢羽根は最大風速の場所付近に表示。ジェット軸上の二重線は、基点となる矢羽根から風速が約40kt減少した位置、または軸の高度が約3,000ft増減した位置に表示）

[d] 悪天域及び悪天の種類、強度及び発現高度

（番号を付し、移動方向・速度と発生場所・要因のコメントをREMARKS欄に表記）

（悪天を伴う雲の場合は、雲量や雲形も表記）

[e] 5,000ft及び10,000ft面における0℃の等温線

[f] シグメット情報発表中の火山

③Abbreviation及びREMARKS欄の用語

[要因を示す用語]

VWS (Vertical Wind Shear)：風の鉛直シアー

HWS (Horizontal Wind Shear)：風の水平シアー

LLWS (Low Level Wind Shear)：低層ウィンドシアー

MTW (Mountain Waves)：山岳波、　UCA (Upper Cold Air)：上空寒気

USAM (Unstable Air Mass)：熱的不安定

LCVG (Lower Convergence)：下層収束

LWHA (Lower Warm and Humid Air)：下層暖湿気

[発生場所を示す用語]

TROUGH：トラフ、気圧の谷、　RIDGE：リッジ、気圧の尾根

TROP (Tropopause)：ジェット気流の圏界面側

JET FRONT：ジェット気流の前線面

JET MERGE：ジェット気流の合流場

JET SPLIT：ジェット気流の分流場、　INC (In Cloud)：雲中

BASE (Cloud Base)：雲底、　OTP (On Top)：雲頂

TVB (Transverse Band)：トランスバースバンド、　Low：低気圧

FRONT：前線、　TC (Tropical Cyclone)：台風を含む熱帯低気圧

CVX（Cold Vortex）：寒冷渦

　　航空機の運航に重要な影響を及ぼす悪天現象は、空間スケールが数km〜10km程度と非常に小さく、また、寿命も数分〜数時間と時間スケールも短いのが殆どです。一方、予想図で対象とする悪天現象は広域にわたるスケールの現象で、水平方向の広がりが200km以上の現象とされています。

3-2　狭域悪天予想図（FBTT、FBGG、FBBB）

　　東京、中部、関西進入管制区及びその周辺での運航に影響を及ぼす雷電、乱気流、着氷などを予想した図情報と、進入管制区内の地点上空の風向・風速、気温及び湿数を予想した文字情報で構成されます。00、03、06、09、12、15、18、21UTCを初期時刻として3、5、7、9時間先を予想した天気図です。

　　なお、この予想図は数値予報局地モデル（LFM）から自動作成されたもので、気象庁の発表する飛行場や台風予報などと異なる内容が含まれる場合があります。

図　3-3-2　狭域悪天予想図

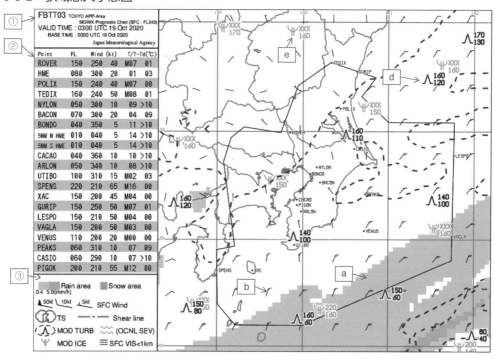

①略号

左上欄に天気図の種類や地域、そして予想日時などが表記されます。

FB：悪天現象の予想図　　**TT**：関東、**GG**：中部、**BB**：関西

03：3時間予想　　**05**：5時間予想　　**07**：7時間予想　　**09**：9時間予想

(SFC - FL240)：対象高度の下限は地上、上限高度はTransition（進入管制区から航空路に至る領域）を考慮し、管制区の上限に2,000ftを加えた高度です。

VALID TIME 0300UTC 19 Oct 2020：予想日時

[2020年10月19日 日本時間12時]

BASE　TIME 0000UTC 19 Oct 2020：初期日時

[2020年10月19日 日本時間9時]

②文字情報

進入管制区やその周辺で、出発・到着時に通過する主要地点の高度（FL表示）における風向・風速、気温、湿数の予想値が表示されます。

③図情報

a 降水域（雨、雪）

降水が予想される領域が表示されます。前1時間降水量が5.0mm以上となる雨の領域は濃緑色です。

b 地上風、シアーライン

予想される地上風を5kt単位の矢羽根で表示し、地上風のシアーラインが濃橙色の一点鎖線で表されます。

c 発雷域

発雷が予想される領域を赤いスキャロップラインで囲み、雷電シンボルが表示されます。

d 乱気流域（MOD、OCNL SEV）

乱気流が予想される領域はえんじ色の破線で囲まれ、強い乱気流が散在する（OCNL SEVを表記）領域には赤紫の波型でハッチングされます。また、乱気流の下限と上限高度が100ft単位で表記され、×××の表示は上限高度を越える場合です。

e 着氷（MOD）

着氷が予想される地点が表示され、高度の表記法は d 乱気流域と同じです。

f 地上視程

地上視程が1km未満となることが予想される領域には、霧のシンボルの≡が表示されます。

3-3 下層悪天予想図 (FBSP、FBSN、FBTK、FBOS、FBKG、FBOK)

この予想図は雷電、乱気流、雲域など航空機の運航に重要な影響を及ぼす悪天を記載した図情報と、飛行場上空の風向・風速及び雲頂・雲底高度などの文字情報を付加した図で構成されています。予報対象領域は北海道、東北、東日本、西日本、奄美、沖縄の6つの領域で、予想対象高度は地上からFL150までです。数値予報局地モデル (LFM) から自動作成された予想図で、00、03、06、09、12、15、18、21UTCを初期時刻として3、6、9時間先を予想していて、1日8回発表されます。

図 3-3-3 下層悪天予想図

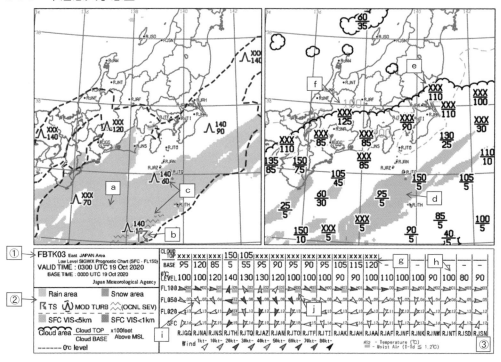

①略号

左下段に天気図の種類や地域、そして予想日時などが表記されます。

FB：悪天現象の予想図　　**SP**：北海道　　**SN**：東北　　**TK**：東日本

OS：西日本　　**KG**：奄美　　**OK**：沖縄

03：3時間予想　　**06**：6時間予想　　**09**：9時間予想

VALID TIME 0300UTC 19 Oct 2020：予想日時

[2020年10月19日 日本時間12時]

BASE　TIME 0000UTC 19 Oct 2020：初期日時

[2020年10月19日 日本時間9時]

②図情報の内容

a 降水 (雨、雪) が予想される領域が表示されます。前1時間積算降水量が0.4mm以上の領域が降水域として表示されます。

b 発雷域

発雷が予想される領域に雷電シンボルが表示されます。

c 乱気流域 (MOD、OCNL SEV)

乱気流が予想される領域はえんじ色の破線で囲み、強い乱気流が散在する (OCNL SEV を表記) 領域には赤紫の波型でハッチングされます。また、乱気流の下限と上限高度が100ft単位で表記され、×××は上限高度を越える場合です。

d 地上視程

視程が5km未満と予想される領域には薄い橙色、1km未満と予想される領域は濃い橙色で表示されます。

e 雲域 (雲頂、雲底高度)

雲が予想される領域が黒いスキャロップラインで表示されます。特に雲底高度が低く予想される地点には、雲頂・雲底高度が表示されます。雲底と雲頂高度の高度は100ft単位で、上限高度が15,000ftを超える場合は×××と表記されます。

f 2,000ft、5,000ftと10,000ftの0℃線

高度2,000ft、5,000ft、10,000ftにおける予想気温0℃の位置が青色の破線で表示されます。

③文字情報

飛行場上空の鉛直プロファイルとして、次の情報が表記されます。

g 雲頂・雲底高度の予想値が100ft単位で表され、上限高度が15,000ftを超える場合は×××と表記されます。また、15,000ft以下に雲が予想されない場合、雲底高度はーとし雲頂高度は表示されません。

h 0℃高度

下層から数えて最初に0℃以下になる高度が表示されます。

i 風向・風速

地上、2.000ft、5,000ft、そして10,000ftにおける風向・風速を10kt毎に色分けした矢印で表示されます。

j 気温・湿数

地上、2.000ft、5,000ft、そして10,000ftの気温が1℃単位で表記されます。負の場合はMが前置きされます。また、湿数が1.2℃以下の場合は、気温の背景が薄緑色の四角で表示されます。

3-4　国内航空路6・12時間予想断面図

　　国内の主要航空路の断面線に沿った予想図で、南北方向と東西方向の鉛直断面が一連の断面として表現されます。なお、この予想図はメソモデル（MSM）の予想結果から作成された天気図です。

3-3-4　国内航空路6・12時間予想断面図

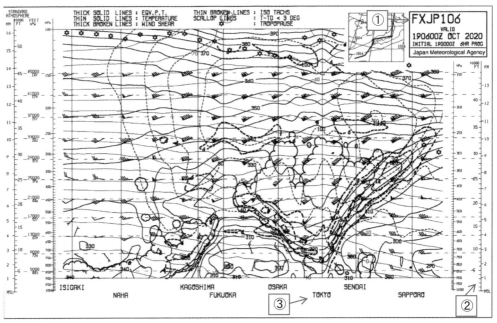

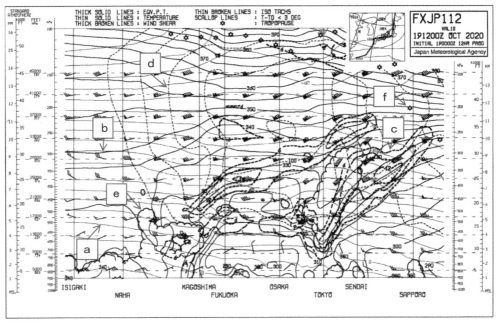

図　3-3-5　航空路予想断面図ポイント

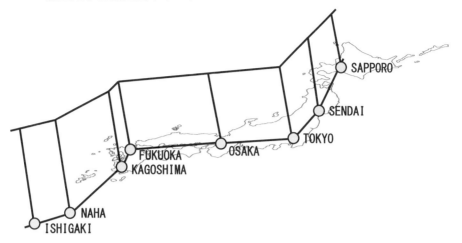

①略号

　天気図の右上隅の箱枠に天気図の種類や地域、そして予想日時が表記されます。

FX：種々の予想図（Forecast Miscellaneous）　　**JP**：日本（Japan）

106：6時間予想　　　**112**：12時間予想

VALID 190600UTC OCT 2020：予想日時［2020年10月19日 日本時間15時］

INITIAL 190000UTC 6HR PROG：初期日時、及び6時間予想

　　　　　　　　　　　　　　［19日日本時間9時を初期値とする6時間予想］

②縦軸

　気圧（hPa）、及び標準大気における高度軸でftとmで表記されます。

③横軸

　右が高緯度側、左が低緯度側で主要都市名を表記されます。

④ 等値線や記号

図　3-3-6　等値線と記号

	等値線や記号	内　容			等値線や記号	内　容
a	——————（細い実線）	気温（℃）	d	---------（細い破線）	等風速線（kt）
b	——————（太い実線）	相当温位（K）	e	（スキャロップライン）	湿域（湿数3℃以下）
c	— — — —（太い破線）	鉛直シアー（kt/1,000ft）	f	✡（星印）	圏界面

スキャロップラインで表示されている湿域は、雲域の目安となります。なお、層状雲か対流性の雲かを判断するには、他の予報資料やレーダーエコーなどの実況資料を併用し、検討することが必要です。

3-5 毎時大気解析・予測情報

この天気図は風、気温、さらに乱気流を予測する上で有効な指標の一つである風の鉛直シアー（VWS）を表現しています。従って、ジェット気流の位置や風速値を把握でき、さらにVWSから乱気流の可能性ある領域を知ることができます。

航空機自動観測（ACARS）データやウィンドプロファイラなどの各種観測データ、さらに直近の数値予報メソモデル（MSM）の予報値を基に毎時の風と気温を解析し、温位とVWSを算出して日本上空を三次元的に解析した図となっています。

図3-3-7は解析、図3-3-8は予測情報です。予測情報では、MSMから作成した6時間先までの1時間毎の気温及びVWSの予想も提供しています。

■図■ 3-3-7　毎時大気解析（断面図）

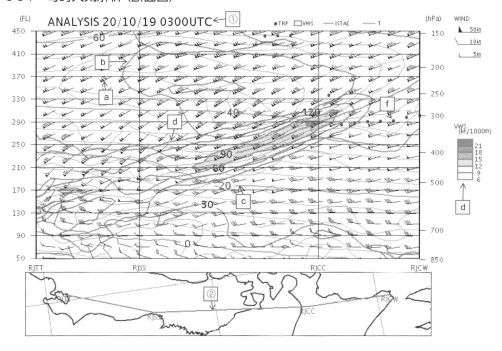

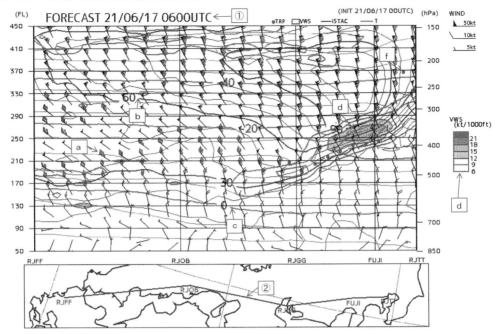

図 3-3-8 毎時大気予測情報（断面図）

①略号

解析情報は「ANALYSIS」で解析日時（UTC）が表記され、予測情報の場合は「FORECAST」と予想日時（UTC）が表示されます。

ANALYSIS 20/10/19 0300UTC：解析日時［2020年10月19日 日本時間12時］

FORECAST 21/06/17 0600UTC：予想日時［2021年6月17日 日本時間15時］

②航空路

地図上の緑実線は、どの地点（ICAO空港コードなど）に沿った断面であるかを表します。

③表示内容

[a] 風向・風速

矢羽根で表され、短いバーは5kt、長いバーは10kt、旗印は50ktです。

[b] 等風速線

10kt毎に細い青実線、30kt毎に太い青実線で描画され、風速値が表記されます。

[c] 等温線（または等温位線）

気温5℃毎に細い赤実線、20℃毎に太い赤実線で描画され、温度値が表記されます。なお、温位（単位はK）表示の選択も可能です。

d VWS

風の鉛直シアー6kt/1,000ftの領域から3kt/1,000ft毎に黄実線で描画されます。値が大きくなると、領域内には右欄の表示に倣って陰影が施されます。

e レーダーエコー

解析図にはレーダーエコーを重ねて表示可能です。なお、エコー強度は右欄のエコー強度（dBZ）スケールにより色分けされます。

f 圏界面（TROP）

赤いドット●で圏界面が表示されます。

g 航空機観測

解析図には対象時刻から過去1時間以内に入電した航空機からの並以上の乱気流・着氷と雷電に関する報告を重ねて表示できます。

　航空路に沿った断面図以外に、図3-3-9のように経度線（2.5°毎）や高度別（2,000ft毎）の解析・予測情報も提供されています。経度別の断面図ではジェット気流軸の位置や高度、前線帯の傾斜や圏界面の分布などの鉛直方向の大気構造を把握できます。また、高度別の情報図では顕著な風の鉛直シアー域の水平方向の広がりを知ることができます。これら鉛直断面と高度別の情報図を共に見ることによって、乱気流域を立体的に把握することが可能です。

図 　3-3-9　毎時大気解析情報

（a 経度別）

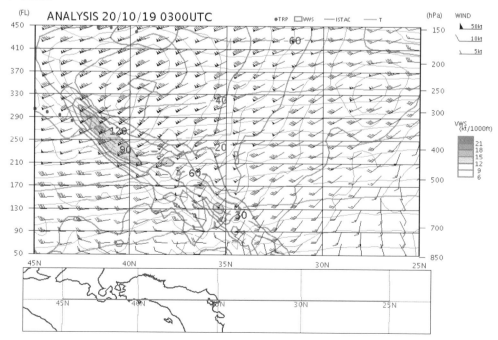

（b 高度別）

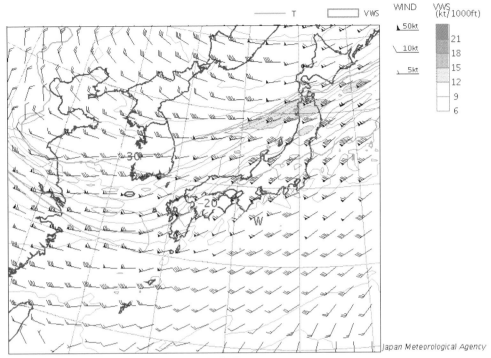

FL230 ANALYSIS 20/10/19 0300UTC

　この情報図の解析にはACARSデータやウィンド プロファイラ観測^(注)データが使用されていますが、時間帯や大気状態によっては解析に使用する観測データの量や質が異なるため、解析精度に差が生じることがあるとの指摘もあります。

注意

　ウィンドプロファイラとは、地上から上空に向けて電波を発射し、降水粒子や大気中の乱流によって散乱された電波を受信するレーダーの一種です。散乱体の移動速度に応じて、発射した電波の周波数と受信した電波の周波数に違いが生じます（ドップラーシフトと言います）。このドップラーシフトから、観測点上空の最大40,000ft程度までの風向・風速が測定可能です。現在、国内の33地点に装置が設置され、観測を実施しています。この観測データは数値予報のメソモデルの初期値としても利用されます。

3-6 国内悪天実況図 (UBJP)

　国内空域の総合的な悪天域を把握するのに有効な情報図です。この情報図には衛星赤外画像、レーダーエコー強度、雷観測、台風、そして航空機観測が重ね合わせて表示されます。

図 3-3-10　国内悪天実況図 (UBJP)

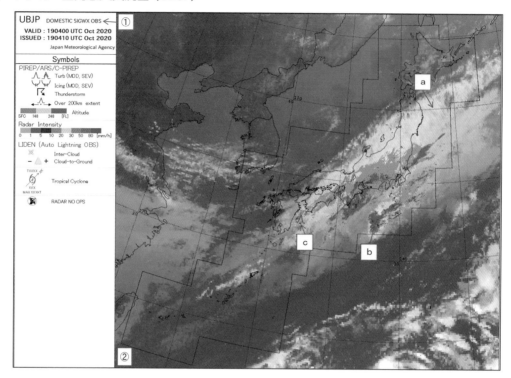

①略号

UBJP：国内悪天実況図

VALID：190400UTC OCT 2020：実況日時 ［2020年10月19日本時間13時］

ISSUED：190410UTC OCT 2020：発表日時 ［2020年10月19日本時間13時10分］

1日24回、毎時00分の実況が毎時10分頃に発表されます。

②内容

[a] 衛星赤外画像

　　対象時刻の赤外画像が表示されます。

[b] レーダーエコー強度

　　対象時刻のレーダーエコー強度が表示されます。

c 航空機観測報告

対象時刻から過去1時間以内に入電した並以上の乱気流・着氷と雷電に関する航空機観
測報告が表示されます。遭遇位置を示す●の上に、高度別に色分けされた記号と航空機
種が表示されます。

d 雷観測

対象時刻から過去10分間において、雷監視システム (LIDEN) で観測された対地雷や雲
間放電が表示されます。

e 台風情報

台風情報が毎時間発表されている場合は、対象時刻に対応する1時間推定位置に台風
マーク、台風番号、移動方向・速度、最大風速が表示されます。

3-7　国内悪天解析図（ABJP）

この図は 3-6 国内悪天実況図 (UBJP) と同様の画像に、ジェット気流や悪天域などを追記
し、航空機の運航に影響を与える気象の現況や動向について簡潔なコメントを付記した情報で
す。

図 3-3-11　国内悪天解析図 (ABJP)

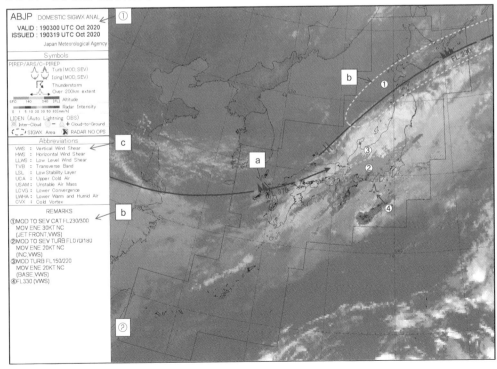

①略号

ABJP：国内悪天解析図

　対象時刻は国内航空の主な運航時間に該当する00、03、06、09、12、21UTCで、1日6回作成されます。

VALID：190300UTC OCT 2020：解析日時 [2020年10月19日日本時間12時]

ISSUED：190319UTC OCT 2020：発表日時 [2020年10月19日日本時間12時19分]

②内容

　前述の「国内悪天実況図 (UBJP)」と同じ内容に加え、これに次の情報が表示されます。

　a　ジェット気流軸や火山噴火

　b　悪天域を表示し、並以上の乱気流・着氷域、及び活発な対流雲 (CB) 域には番号を付加し、REMARKS欄にコメントが記述されます。

　c　REMARKS欄に使用される語句の解説があります。

[発生場所に関する語句]

・TROUGH：トラフ、気圧の谷、　・RIDGE：リッジ、気圧の尾根

・TROP：ジェット気流の圏界面側、　・JET FRONT：ジェット気流の前線面

・JET MERGE：ジェット気流の合流域、　・JET SPLIT：ジェット気流の分流場

・INC (In Cloud)：雲中、　・BASE (Cloud Base)：雲底

・OTP (On Top)：雲頂、　・TVB (Transverse Band)：トランスバースバンド

・FRONT：前線、　・LOW：低気圧

・TC (Tropical Cyclone)：台風を含む熱帯低気圧

・CVX (Cold Vortex)：寒冷渦

[要因を示す語句]

・VWS (Vertical Wind Shear)：風の鉛直シアー

・HWS (Horizonal Wind Shear)：風の水平シアー

・LLWS (Low Level Wind Shear)：低層ウィンドシアー

・MTW (Mountain Waves)：山岳波、　・UCA (Upper Cold Air)：上空寒気

・USAM (Unsatable Air Mass)：熱的不安定

・LCVG (Lower Convergence)：下層収束

・LWHA (Lower Warm and Humid Air)：下層暖湿気

[強度変化を示す語句]

・INTSF (Intensify)：強まる、　・WKN (Weaken)：弱まる

・NC (No Change)：変化なし

[その他]

・ABV (Above)：以上、 BLW (Below)：未満

・NO OPS (No Operations)：運用休止

3-8 狭域悪天実況図（UBTT、UBGG、UBBB）

東京、中部、関西国際空港の各進入管制区、及びその周辺におけるレーダーエコー強度、雷観測、PIREPなどを重ね合わせた図情報に、東京、中部、関西国際空港の地上及び上空の風向・風速、及び気温データなどの文字情報を付加した情報です。

■図 3-3-12 狭域悪天実況図

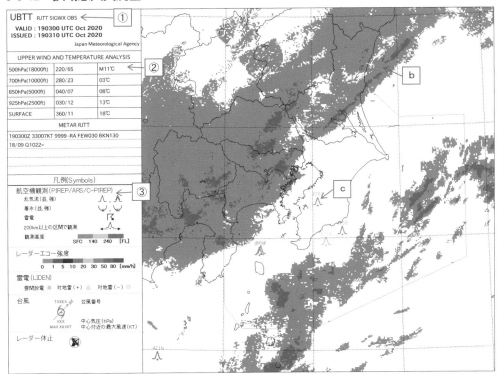

①略号

UBTT：対象領域を表し、UBTT：が関東、GGは中部、そしてBBは関西です。

VALID：190300UTC OCT 2020：実況日時［2020年10月19日本時間12時］

ISSUED：190310UTC OCT 2020：発表日時［2020年10月19日本時間12時10分］

1日24回、毎時00分の実況が毎時10分頃に発表されます。

②文字情報

　東京、中部、関西の各国際空港における対象時刻1時間前の毎時大気解析による500、700、850、925hPaの風向・風速、気温、並びにMETARによる地上の風向・風速、気温が表記されます。METAR欄には対象領域別に東京、中部、関西各空港の対象時刻のMETARが、RMK以下を除いて表示されます。

③図情報

　内容及び記号は国内実況図（UBJP）と同じですが、衛星画像は表示されません。但し、レーダーエコー強度と航空機観測報告については表示されます。

4 数値予報図の物理量

　数値予報図に表示されている等高度線、等温線や風向・風速の分布は実況天気図と同様に読み取れます。しかし、実況図には表現されていない「渦度」、「鉛直p速度」や「相当温位」などの物理量は、それらが大気のどのような状態を表現するものであるかの知識がないと天気図を有効に利用できません。そこで、それら物理量について説明します。

4-1 温位と相当温位

4-1-1 温位と相当温位の定義

　既に紹介した「高層断面図」、「国内航空路予想断面図」や「850hPa風・相当温位予想図」には、等温位線や等相当温位線が描画されています。温位や相当温位について知っておくと、天気図上のそれら等値線から大気構造や大気状態を把握する上で便利です。

　空気塊が短い時間に上昇したり下降する時、その空気塊と周囲の空気との間で熱のやり取りは殆どありません。このような空気塊の温度変化を「断熱変化」と言います。空気塊が上昇すると、上空は気圧が低いので空気塊は膨張します。すると、空気塊は膨張という仕事をするので、エネルギーを消費して空気塊の温度は下がります。飽和していない空気塊が鉛直方向に移動する時の温度変化の割合を「乾燥断熱減率」と言い、その変化量は1,000ft当たり3℃です。

　この未飽和空気塊が上昇し空気塊の温度が下がっても、周りの空気との熱のやり取りはないので、温度が下がった分の熱エネルギーは空気塊の膨張という仕事に使用されています。従って、空気塊が保持している熱的エネルギーの増減はなく、空気塊の持つこの熱的エネルギーを表すものが「温位」です。温位は"ある気圧において、ある温度の空気塊を高度1,000hPaまで乾燥断熱的に移動させた時、その空気塊の持つ温度"と定義され、単位は絶対温度（K）を用います。

　ここで、簡単な例をあげて空気塊の温位を求めてみましょう。図3-4-1のように高度0ft（気圧を1,000hPaとします）にある空気塊Aの温度が20℃とすると、この空気塊の温位は〈 20 ＋ 273 ＝ 293 〉で293Kです。次に、高度10,000ft上空の0℃の未飽和空気塊Bについて考えます。空気塊Bの温位は、1,000hPaの高度（この例では0ft）まで乾燥断熱的に移動させることによって求められます。空気塊Bの0ftでの温度は、〈 0℃＋3℃/1,000ft × 10,000ft 〉と計算でき30℃です。温位は絶対温度で表すので、30℃は〈 30 ＋ 273 ＝ 303 〉で303Kと計算されます。この例では、空気塊Aの温位は293K、空気塊Bは303Kと計算され、熱的エネルギーは空気塊Bの方が空気塊Aに比べて大きいことが分かります。

　乾燥した未飽和空気塊は、どのような高さにあっても上昇、あるいは下降する時は乾燥断熱減率（3℃/1,000ft）で温度変化するので、この未飽和空気塊の温位は変化しません。この状態を"温位は保存される"と言います。

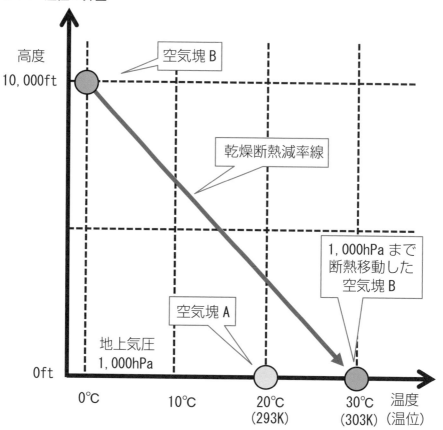

図 3-4-1 温位の算出

（図中）
高度
10,000ft

空気塊B

乾燥断熱減率線

1,000hPa まで
断熱移動した
空気塊B

空気塊A

地上気圧
1,000hPa

0ft

0℃   10℃   20℃   30℃   温度
                (293K) (303K) (温位)

　なお、実際の大気中には水蒸気が存在します。水蒸気を含んだ空気塊が断熱的に上昇して温度が下がると飽和し、空気塊中の水蒸気が凝結して水滴ができます。水蒸気が水滴に変化する時は、潜熱が放出され空気塊を暖めます。飽和空気塊が上昇する場合、膨張により熱エネルギーを使うと共に、潜熱の放出で熱エネルギーが供給されます。このような飽和空気塊の上昇や下降に伴う空気塊の温度変化の割合は「湿潤断熱減率」と言い、空気塊内では潜熱の放出分だけ減率値は乾燥断熱減率に比べ小さくなります。飽和空気塊では温位は保存されないので、飽和空気塊中の熱的エネルギーについて考える場合は、水蒸気の効果を考慮することが必要です。このように空気塊に含まれる水蒸気の蒸発や凝結の効果を取り入れた物理量が「相当温位」です。

　相当温位は図3-4-2に示す過程で求めることができます。空気塊をまず上昇させますが、未飽和な段階では空気塊を乾燥断熱的に上昇させ、飽和に達した後は湿潤断熱減率で空気塊中の水蒸気が全てなくなるまで上昇させます。そして、空気塊が水蒸気を含まない乾燥空気塊となった後、乾燥断熱的に1,000hPaまで下降させます。この1,000hPa面での空気塊の温度が「相当温位」です。相当温位は乾燥断熱変化でも湿潤断熱変化でも保存され、常に温位より高くなります。

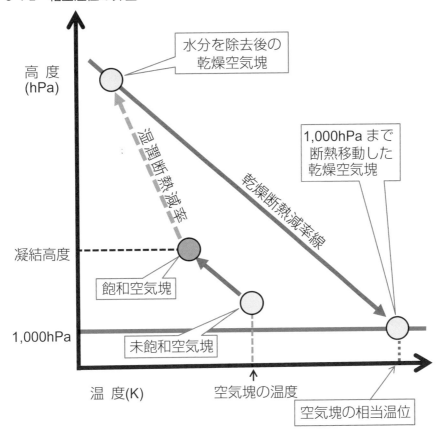

図 3-4-2 相当温位の算出

水分を除去後の乾燥空気塊

高　度(hPa)

1,000hPa まで断熱移動した乾燥空気塊

乾燥断熱減率線

湿潤断熱減率

凝結高度

飽和空気塊

1,000hPa

未飽和空気塊

温　度(K)

空気塊の温度

空気塊の相当温位

　相当温位は空気塊が飽和しても、飽和していなくても保存される（変化しない）ので、気団の性質をよく表しています。相当温位値の大きな空気は"高温多湿"、値の小さな空気は"低温乾燥"という特徴を持ちます。このため、これら2つの空気の境界では相当温位値の変化が大きく表れるので、相当温位は前線の位置を決定する時に有効な指標となります。

　図3-4-3 (a) は5月31日9時 (00UTC) を予想した850hPa風・相当温位予想図です。この天気図で850hPa面の相当温位線の集中帯が、日本の南の北緯30度付近で東西に延びています。この集中帯の南側には、相当温位値336Kや342Kなどの大きな値を持つ高相当温位の領域が拡がっています。一方、集中帯の北側の日本海や朝鮮半島付近には306Kなどの小さな値の領域となっていて、相対的に冷たく乾燥した空気が存在しています。このように、相当温位の集中帯を境に温度や湿度が異なる空気が存在していることが分かります。

　当日の地上気圧配置を図3-4-3 (b) の地上天気図で確認すると、日本の南海上には前線が停滞しています。この前線は時季的に梅雨前線で、日本付近ではオホーツク海高気圧から吹き出す冷たく湿った空気と太平洋高気圧の暖かく湿った空気の境界線、大陸では陸地の乾燥空気と南から吹き込む南西モンスーンとの境界線となります。(a) 図の相当温位線の集中帯は、この梅雨前線に対応しています。このように、相当温位は気団や前線解析に有効な指標となります。

図 3-4-3　相当温位と気団・前線

(a) 850hPa風・相当温位予想図

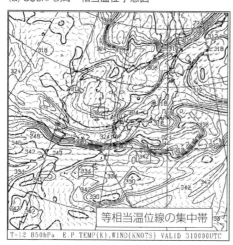

等相当温位線の集中帯

T=12 850hPa　E.P.TEMP(K),WIND(KNOTS) VALID 310000UTC

予想日時 5月31日9時 (00UTC)

(b) 地上天気図

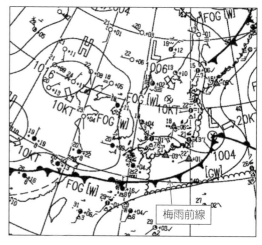

梅雨前線

5月31日9時 (00UTC)

4-1-2 温位や相当温位の高度変化

次に、鉛直方向の大気の気温減率と温位の関係について考えてみましょう。

例えば、図3-4-4のようにある地点の地上 (0ft) の気圧が1,000hPa、気温が15℃とします。この地点上空で高度1,000ftの気温が13℃、高度2,000ftが11℃となっていて、気温減率が2℃/1,000ftの大気成層であるとします。この時の各高度にある空気塊の温位を計算してみましょう。

温位はある高度の空気塊を断熱的に1,000hPa気圧面まで移動させた時の温度です。地上 (気圧1,000hPa) で15℃の空気塊Aの温位は、〈15 + 273 = 288〉で288Kです。1,000ft上空13℃の空気塊Bは、1000hPa面 (この例では地上) まで断熱的に移動させると、〈13+1,000×3/1,000 + 273 = 13 + 3 + 273 = 289〉で、温位は289Kと計算されます。同様に2,000ft上空の11℃の空気塊Cは、〈11+2,000×3/1,000 + 273 = 11 + 6 + 273 = 290〉と計算でき、温位は290Kです。この大気層の場合、1,000ft高くなるごとに温位は1Kずつ増加しています。

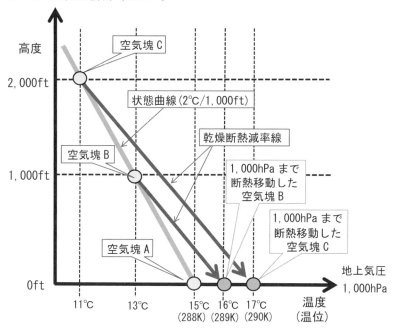

図 3-4-4　温位の計算（その1）

続いて、図3-4-5のように地上（0ft）において気圧1,000hPa、地上気温が15℃で、1,000ft及び2,000ft上空の気温は地上と同じく15℃とします。この場合、気温減率は0℃/1,000ftで等温層となっています。

図 3-4-5　温位の計算（その2）

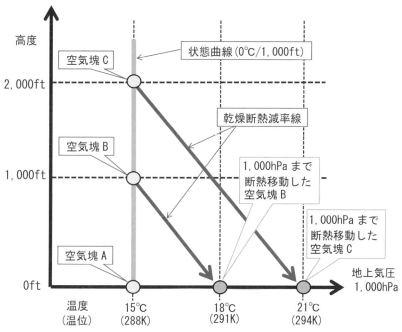

各高度の空気塊の温位を計算すると、地上（気圧1,000hPa）の15℃の空気塊Aの温位は〈15 ＋ 273 ＝ 288〉で288Kです。高度1,000ftの空気塊Bの温度は15℃で、温位は〈15 ＋ 1,000 × 3/1,000 ＋ 273 ＝ 18 ＋ 273 ＝ 291〉で291Kと計算されます。さらに、高度2,000ftの15℃の空気塊Cの温位は〈15 ＋ 2,000 × 3/1,000 ＋ 273 ＝ 21 ＋ 273 ＝ 294〉で294Kとなります。この大気層の場合、1,000ft高くなる毎に温位は3Kずつ大きくなり、高さとともに温位値の増加する割合は大きくなりました。

　今度は図3-4-6のように地上（0ft）は前2ケースと同じく気圧1,000hPa、気温は15℃ですが、1,000ft上空は11℃、2,000ftは7℃で気層の気温減率が4℃/1,000ftの場合を考えてみます。

図　3-4-6　温位の計算（その3）

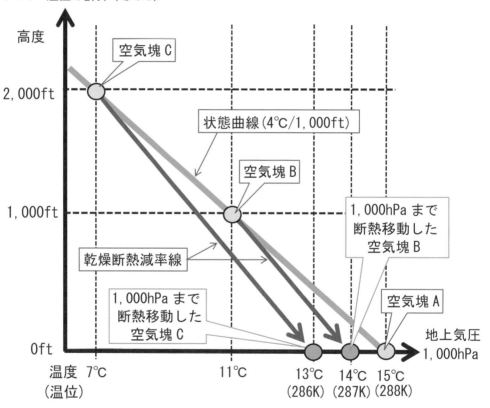

　地上の15℃の空気塊Aの温位は、前ケースと同じく288Kです。上空1,000ftの気温は11℃なので、この高度の空気塊Bの温位は〈11 ＋ 1,000 × 3/1,000 ＋ 273 ＝ 14 ＋ 273 ＝ 287〉で287Kとなります。そして、2,000ft上空の7℃の空気塊Cは〈7 ＋ 2,000 × 3/1,000 ＋ 273 ＝ 13 ＋ 273 ＝ 286〉で、温位は286Kと計算されます。

　この大気層では上空ほど温位値は小さくなり、1,000ft高くなる毎に1Kずつ温位値は減少しています。

これら3ケースで、気温減率2℃/1,000ftの気層（その1）は温位が1K/1,000ftの割合で増加し、等温層（その2）では3K/1,000ftで増えています。大気層の気温減率3℃/1,000ftより小さい場合には、温位値は高度ともに増加します。

　一方、気温減率が大きい4℃/1,000ft（その3）では、高さとともに1K/1,000ftの割合で温位値は減少しています。大気層の気温減率は大気の安定度と関係することから、図3-4-7のように温位が高度とともに増加する場合は気温減率が小さくなるので「安定」、逆に温位が高度と共に減少する場合は「不安定」な大気成層と言えます。

図　3-4-7　大気の安定度と温位変化

（a）気温から見た乾燥大気の安定度

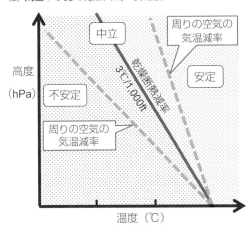

（b）温位から見た乾燥大気の安定度

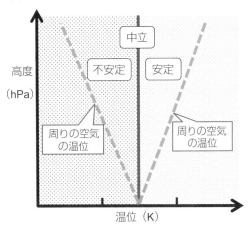

　対流圏内の平均的な気温減率は2℃/1,000ftなので、温位は高度と共にゆっくりと増加します。そして、高さと共に気温が一定、あるいは上昇する逆転層などの安定層では、高度とともに温位の増加する割合は大きくなります。従って、図3-4-8のように成層圏や前線帯では、温位値は高さと共に大きく増加し、等温位線は密集します。

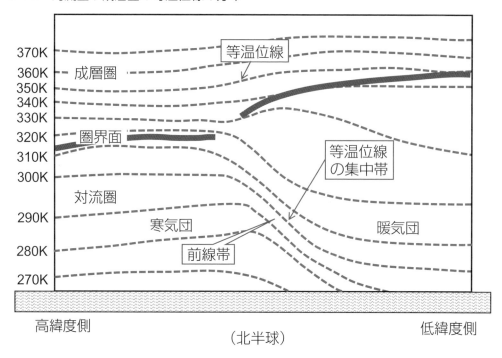

図 3-4-8 対流圏や成層圏の等温位線の分布

（図中ラベル）
- 370K / 360K / 350K / 340K / 330K / 320K / 310K / 300K / 290K / 280K / 270K
- 成層圏
- 等温位線
- 圏界面
- 等温位線の集中帯
- 対流圏
- 寒気団
- 暖気団
- 前線帯
- 高緯度側　（北半球）　低緯度側

逆に、高さとともに温位が減少する場合は、大気層が不安定であることを表します。なお、相当温位についても同様に取り扱うことができます。このように大気の鉛直断面図上での鉛直方向の温位値の変化を理解しておくと、大気構造を解析する時に役立ちます。なお、断面図上の前線解析についてはChapter 4で詳しく説明しています。

4-2 鉛直p速度（上昇流、下降流）

「850hPa気温、風/700hPa鉛直流解析図・予想図」で、空気塊の上昇や下降の大きさは「鉛直p速度」として表現されます。鉛直p速度は気圧の鉛直方向の時間変化率として表され、1時間当たりの気圧の変化量（hPa/h）として表示されます。

上昇流や下降流は雲の発生や消散に大きく関係するので、天気予報では重要な要素です。しかし、広範囲に広がる鉛直流は観測では得られないため、計算によって求められます。上昇流や下降流は大気中層で最大となるので、鉛直流の強さは700hPa気圧面で代表されます。700hPa天気図で表現されている鉛直p速度を移動距離に換算すると、10hPa/hは約3cm/secの変位に相当します。数値に付加されている−や＋の符号は、−は上昇流、＋が下降流を表します。

ここで、上昇流と雲の発生を考えてみましょう。今、図3-4-9のように鉛直p速度−30hPa/hを有する空気塊は、1秒間に9cm（＝3×3cm/sec）上昇します。この上昇が1時間続けば、空気塊は元の高度から324m（約1,000ft）だけ上昇し、6時間後には1,944m（約6,400ft）だ

けさらに高い所に移動します。未飽和空気塊なら6時間の上昇で約19℃温度が下がります。空気塊が上昇し温度が下がると、やがて空気塊は飽和に達して水蒸気が凝結します。つまり、空気塊の上昇により大気中に水滴（雲粒）が形成され雲が発生することになります。

図　3-4-9　空気塊の鉛直移動と雲の発生・消散

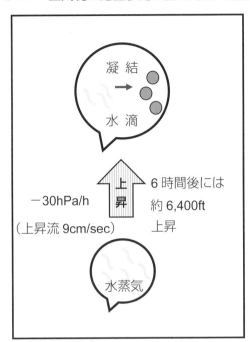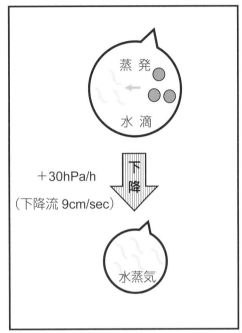

　天気予報では雲の発生や消散に関係する上昇流、下降流は重要な物理量です。700hPa面の上昇流は850hPa面の「暖気移流域」や500hPa面の「正の渦度移流域」に、下降流は850hPa面の「寒気移流域」や500hPa面の「負の過度移流域」に発生します。700hPa面の鉛直流は暖気移流や寒気移流を表す850hPa面の気温や風、500hPa面の渦度と密接な関係があるので、850hPa気温・風解析図や予想図、500hPa高度・渦度解析図や予想図と関連づけて見ることが大切です。また、鉛直流の分布と地上天気図の高・低気圧や前線の間には次のような関係が見られ、天気図解析時の参考となります。

・低気圧前面の暖気移流域で上昇流、後面の寒気移流域で下降流が顕著な低気圧は発達する。
・帯状に上昇流域が見られる所には、前線が存在する可能性がある。
・上昇流のある所で気圧が低下し、下降流のある所で気圧が上昇するので、地上の気圧系の変化が分かる。
・上昇流や下降流の数値が大きいと、現象は活発である。

4-3 渦度

　渦度は大気の流れで回転の大きさを表す物理量です。図3-4-10のように直線的な流れで流速差がある所や湾曲した流れの中には渦が存在します。北半球では、時計回りの高気圧性の回転を「負（−）の渦度」、反時計回りの低気圧性の回転を「正（＋）の渦度」と言います。

図　3-4-10　流れの中の渦度

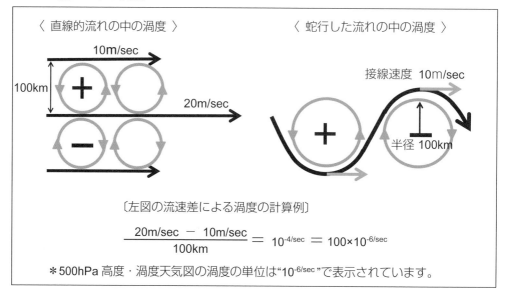

〈 直線的流れの中の渦度 〉　　　　　　〈 蛇行した流れの中の渦度 〉

10m/sec
100km
20m/sec

接線速度　10m/sec
半径　100km

〔左図の流速差による渦度の計算例〕

$$\frac{20m/sec \ - \ 10m/sec}{100km} \ = \ 10^{-4/sec} \ = \ 100 \times 10^{-6/sec}$$

＊500hPa高度・渦度天気図の渦度の単位は"$10^{-6/sec}$"で表示されています。

　ここで、渦度と水平発散、収束の関係について見てみましょう。水平面の流れの中に図3-4-11のような微小な正方形を想定し、各辺の中点で吹いている風を考えます。風は各辺に垂直な成分と接線方向の成分に分解でき、接線方向の成分はこの正方形の回転に関係し、渦度に相当します。一方、垂直成分はこの正方形に出入りする流れで、発散・収束を表します。このように水平方向の流れを成分ごとに見てみると、渦度と水平発散・収束は互いに関連していることが分かります。

図 3-4-11　風の接線成分と垂直成分

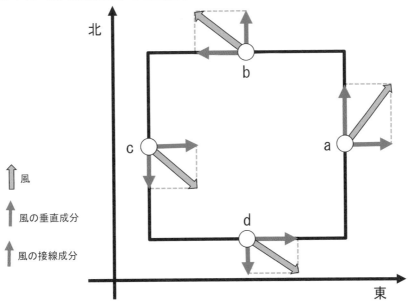

　さらに、発散や収束は空気の鉛直方向の動きとも関連します。図3-4-12に示すような反時計回りの回転を持つ空気柱を考えてみましょう。大気上層で「発散」が見られる所では地上で「収束」があり、この空気柱の回転（渦度）は増加します。その結果、空気柱は伸びるので、空気柱には上昇流が存在すると考えます。一方、大気上層で「収束」があり、地上で「発散」があれば回転（渦度）は減少します。この場合、空気柱は縮むので下降流があると考えます。

　渦度が表示されている500hPa面は水平発散が小さいので非発散層と呼ばれ、500hPa面で渦度の変化が生じれば、前述のように上層で発散や収束があると考えます。このような渦度の変化から発散域や収束域の存在を把握することができ、さらに雲の発生や消散に関係する上昇流や下降流の分布や大きさを知ることができます。

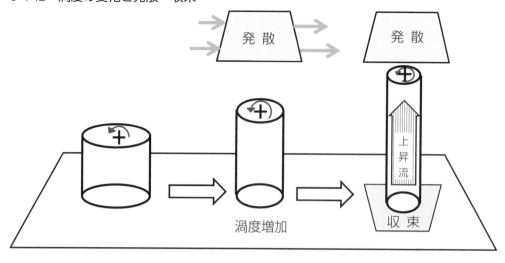

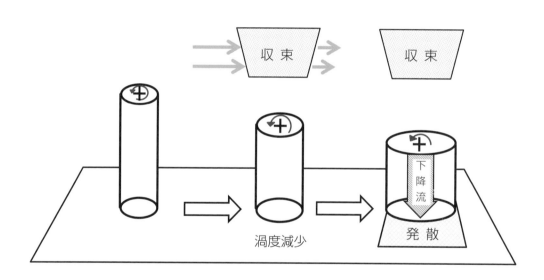

　図3-4-13は気圧の谷付近の渦度分布で、気圧の谷の中心に正の渦度の極大値（＋100×$10^{-6/sec}$）があります。このような渦度分布で流れの上流に向かって正の渦度が増大する時を「正の渦度移流」、正の渦度が減少する時は「負の渦度移流」と言います。この図では気圧の谷の前面（右側）は正の渦度移流の場、気圧の谷の後面（左側）は負の渦度移流の場です。正の渦度移流の場には上昇流、負の渦度移流の場は下降流が生成されるので、一般に気圧の谷が近づくと上昇流域となり雲が広がり、気圧の谷が通過すると下降流域となり雲は消散していきます。

■図■ 3-4-13 渦度移流と鉛直流

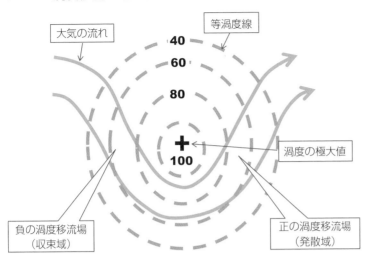

大気の流れ

等渦度線

40
60
80

+
100

渦度の極大値

負の渦度移流場
（収束域）

正の渦度移流場
（発散域）

　このように、500hPa面の渦度移流の大きさの分布から上昇流や下降流の分布を知ることができます。但し、前項の「鉛直p速度」で説明したように上昇流や下降流の生成には暖気移流や寒気移流、さらに凝結による加熱や蒸発に伴う冷却なども関係するので、渦度移流だけで上昇流や下降流の分布や大きさが決まる訳ではありません。

　例えば、図3-4-14 (a) の「850hPa気温・風/700hPa鉛直流解析図」で西日本の地域には活発な上昇流域が拡がっています。また、朝鮮半島も上昇流域となっています。ここで、(b)図の「500hPa高度・渦度解析図」を見ると、朝鮮半島は正の渦度移流域となっていますが、西日本では顕著な正の渦度移流は見られません。また、(a) 図の850hPa面の気温と風の分布を見ると、西日本では30ktの南西風が吹いていて、等温線は北東方向に盛り上がり顕著な暖気移流域が確認できます。一方、朝鮮半島は北西風が吹き寒気移流の場です。このような、渦度の分布と温度移流から見て、西日本に拡がる上昇流域は暖気移流の効果が大きく、朝鮮半島を覆う上昇流域は正の渦度移流の効果が大きいと判断されます。

図 3-4-14　渦度移流と温度移流による鉛直流分布

（a）850hPaの気温・風/700hPa鉛直流解析図

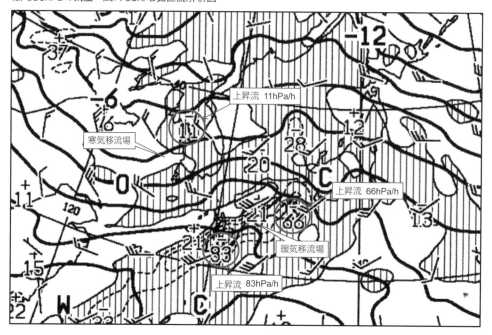

（b）500hPaの高度・渦度解析図

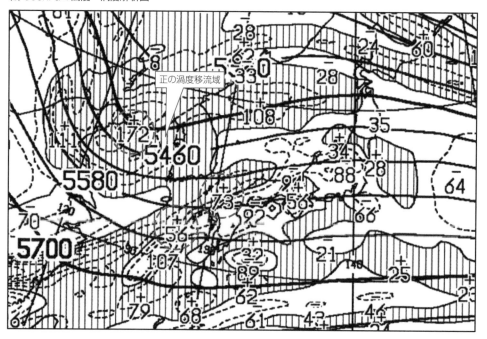

天気図の見方と利用

　基本的に各種天気図には記号、数値や等値線が記入されているだけです。それらをもとに大気構造を把握し、発生している気象現象やこれから発生する可能性のある気象擾乱などを読み取ることが天気図解析では必要です。そして、殆どの天気図は水平面、あるいは鉛直断面の面として表現されています。それら平面図を総合して、大気構造や気象現象の立体的な姿を描けることが天気図解析では大切です。この章では、気象庁から発表されているさまざまな天気図を用いて、日本付近の大気構造や気象現象を立体的にイメージしてみましょう。

1 気圧パターンと天気分布

1-1 日本付近の気圧配置

　地上天気図はテレビの気象情報解説で頻繁に使用され、新聞の天気予報欄にも掲載される身近な気象資料です。この天気図から高気圧や低気圧、前線などの大きなスケールの気象現象を把握することができます。そして、日々の地上天気図を見ていると高気圧や低気圧の配置や強さ、あるいは前線の位置などには似たようなパターンが出現し、季節ごとに代表的な気圧分布が見られます。類似した気圧分布が現れた時には、天気分布も同じような状態となります。そこで、日本付近によく現れる気圧配置と、それら気圧パターンでの大まかな天気分布を知っておくと、天気を予測する上で非常に役立ちます。

　日本付近に現れる代表的な地上天気図の気圧配置と天気分布の特徴を整理すると、次のように分類できます。

1-1-1 西高東低型 (冬型)

　日本の西の大陸で高気圧が強まり、日本の東海上では低気圧が発達して、日本付近で等圧線が南北に走り気圧傾度が大きくなる型です。この気圧パターンは冬季の代表的な気圧配置として知られています。

　日本付近は北または西寄りの風が強く、日本海側では雪、太平洋側は乾燥した晴天となります。特に、日本海側の山沿いでは大雪が降りやすくなります (山雪型)。但し、気圧配置が弱まり、上空に寒気が流れ込んで日本海西部に低圧部ができ等圧線が袋状になると、平野部が大雪となります (里雪型と言う)。

図 4-1-1　西高東低型

(a) 山雪型

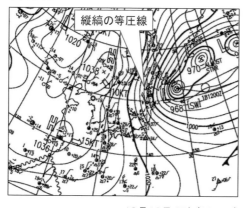

12月18日 9時 (00UTC)

(b) 里雪型

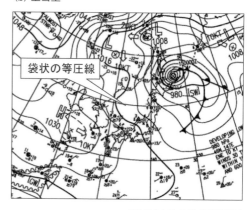

12月14日 9時 (00UTC)

1-1-2 南高北低型（夏型）

　太平洋上の優勢な高気圧が南から日本付近を覆い、大陸は低圧部となる気圧配置です。

　夏季に多く出現しますが、5月頃にも見られます。図4-1-2の (b) 図の500hPa天気図でも、日本付近は背の高い高気圧に覆われているのが分かります。この気圧パターンの時、日本付近は好天と高温が続きます。

図 4-1-2　南高北低型

(a) 地上天気図

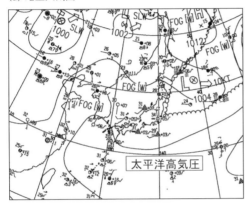

8月11日9時（00UTC）

(b) 500hPa天気図

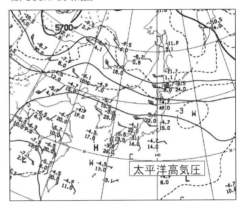

8月11日9時（00UTC）

1-1-3 北高南低型（北東気流型）

　日本の北方に高気圧があって、本州の南では気圧が低く前線が存在する型です。日本付近では東または北東からの風が卓越します。そして、北海道から関東にかけての太平洋側では雲が多く、降雨や降雪が持続しやすく気温の低い状態が続きます。また、暖候期（4月～9月）には霧が発生しやすくなります。

図 4-1-3　北高南低型

(a) 地上天気図

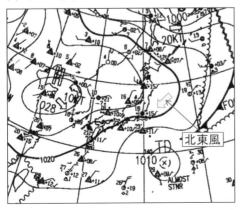

11月15日9時（00UTC）

(b) 可視画像

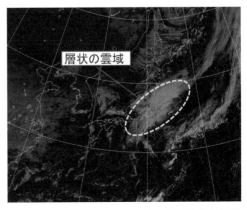

11月15日9時（00UTC）

1-1-4　梅雨型

　　梅雨時に多く出現する気圧配置で、太平洋高気圧からの暖かく湿潤な空気とオホーツク海高気圧からの冷たく湿った空気によって形成された前線が、本州の南岸または本州上に停滞する型です。

　　前線は5月中旬までには沖縄付近で形成され、ゆっくりと北上し、6月上旬には西日本から関東付近に移動します。さらに、7月中旬までには東北まで北上し、その後消滅します。
この停滞前線の北側300kmないし500km以内の地域では曇雨天域となります。また、前線上には短い波長の波動や小さな低気圧が発生するので、2〜3日の短い周期で天気は変化し、時には大雨となります。

■ 図 ■　4-1-4　梅雨前線の移動

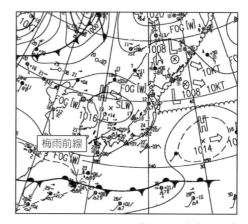

5月23日 9時（00UTC）

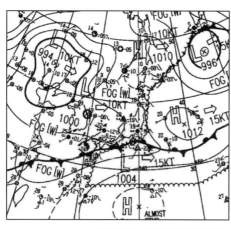

6月11日 3時（10日18UTC）

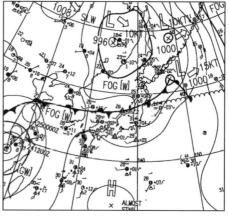

7月24日 9時（00UTC）

1-1-5　秋雨前線型

　　9月になると太平洋高気圧が次第に後退し、代わってオホーツク海や大陸から高気圧が北日本や日本海に張り出してきます。これらの高気圧の境界に前線が形成されます。一般に、この

前線は「秋雨前線」と呼ばれます。秋雨前線は夏から秋への季節の移行を表し、梅雨前線とは逆に北から南に移動し、9月上旬から10月中旬にかけ日本の南岸沿いに停滞します。この前線が大雨をもたらすことはあまりありません。しかし、この時期には台風が日本付近に接近することが多く、台風が北上して秋雨前線に接近すると大雨となることがあります。

図 4-1-5 秋雨前線型

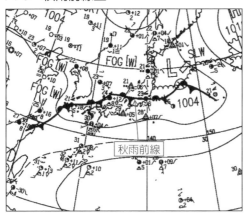 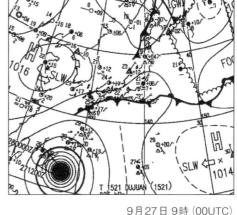

| 9月7日9時（00UTC） | 9月27日9時（00UTC） |

1-1-6 移動性高気圧型

移動性高気圧が日本を覆う型で、春や秋によく現れます。移動性高気圧は20kt位の速さで東に進みます。高気圧の中心の東半分は乾燥しているので晴天となりますが、中心が通過するとすぐに上層や中層の雲が広がり始め、次第に天気は崩れていきます。また、移動性高気圧に覆われた明け方は放射冷却が強まるので、霧が発生します。

図 4-1-6 移動性高気圧型

（a）地上天気図　　　　　　　　　　　（b）可視画像

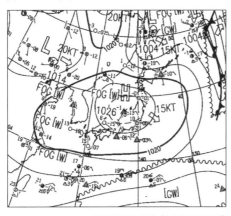 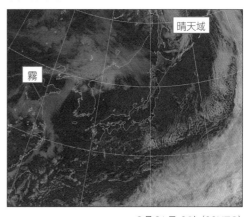

3月31日3時（30日18UTC）　　　　　　3月31日9時（00UTC）

1-1-7　帯状高気圧型

　東西に帯状に連なる高気圧が日本を覆う型です。全国的に晴天となりますが、高気圧の北縁部や南縁部にあたる北日本や南西諸島では雲が広がりやすくなります。

■**図**　4-1-7　帯状高気圧型

（a）地上天気図　　　　　　　　　　　　　（b）700hPa天気図

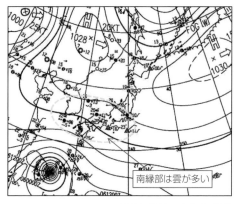 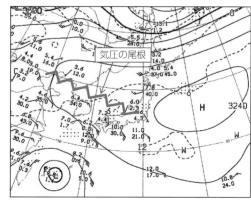

10月5日21時（12UTC）　　　　　　　　　10月5日21時（12UTC）

1-2　日本付近の低気圧経路

　中緯度帯に位置する日本付近は、大陸や東シナ海で発生した低気圧が発達しながら通過していきます。特に南北方向の気温差の大きい時季は、日本付近で急速に発達する低気圧がしばしば見られます。

　それら低気圧の経路を大きく分類すると以下のような3つの型があり、経路毎に特徴的な天気分布が見られます。

1-2-1　南岸低気圧型

　本州のすぐ南海上を低気圧が発達しながら、東北東または北東に進む型です。

　冬季、関東地方に雪をもたらすのはこの経路で、太平洋側の地域では雨や雪が降り、特に関東以西の太平洋側で降水量が多くなります。

図　4-1-8　南岸低気圧型

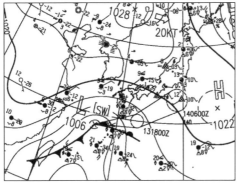

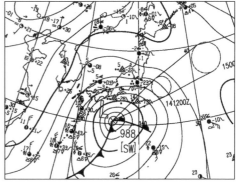

1月13日15時（06UTC）　　　　　　　　1月14日9時（00UTC）

1-2-2　日本海低気圧型

　日本海を低気圧が発達しながら東進、または北東進する型です。低気圧の暖域に位置する地域では雨量は少なくなりますが、南寄りの風が強まります。冬の終わりに低気圧がこのコースを進むと、「春一番」と呼ばれる強風が吹きます。日本海側の平地では、山越えした気流による「フェーン現象」が発生することがあります。なお、寒冷前線の通過後は北寄りの風が強まります。

図　4-1-9　日本海低気圧型

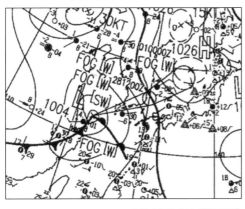

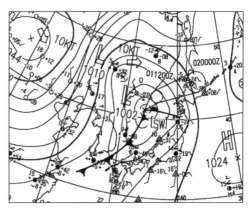

2月28日9時（00UTC）　　　　　　　　3月1日9時（00UTC）

1-2-3　二つ玉低気圧型

　　低気圧が日本海と本州の南海上にあって、これら2つの低気圧が本州を挟んで東進する型です。一般に降水域が広く、全国的に天気が大きく崩れます。

図 4-1-10　二つ玉低気圧

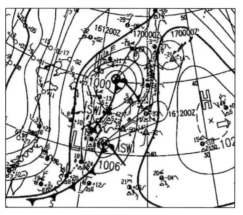

12月16日9時（00UTC）

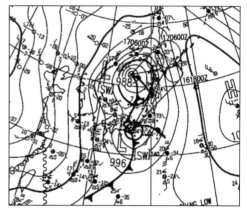

12月16日15時（06UTC）

2 大気構造の解析

2-1 温帯低気圧の発達の構造

発達する温帯低気圧内では、図4-2-1のように低気圧の前面 (東側) で暖気が上昇しながら北に運ばれ、後面 (西側) では寒気が下降しながら南に運ばれることで南北方向の熱交換が活発に行われています。

■ 図 ■ 4-2-1 温帯低気圧内の空気の動き

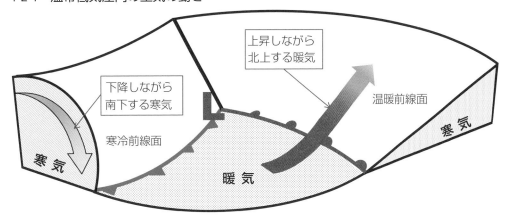

このような空気の動きは密度の大きい寒気が下降し、密度の小さい暖気が上昇することで有効位置エネルギーが運動エネルギーに変換される状態を表します。南北方向の温度差が温帯低気圧発達のエネルギーとなっていて、温帯低気圧は南北方向の気温差が大きい時季には発達します。

そこで、発達する温帯低気圧の構造を見ると以下のような特徴があります。

①地上低気圧の中心と上層の気圧の谷 (トラフ) を結ぶ低気圧の軸 (渦管) が、西に傾いている。
②地上低気圧の前面 (東側) で暖気移流、後面 (西側) で寒気移流が顕著である。
③地上低気圧の前面 (東側) には下層で収束域、上層に発散域があり、後面 (西側) ではそれと逆に下層で発散域、上層に収束域が存在する。

これらの特徴が天気図上でどのように現れているか、確認してみましょう。

2-1-1　低気圧の軸の傾斜

　図4-2-2は同日時の地上及び850hPa、700hPa、そして500hPaの天気図です。

　(a) 図の地上天気図で対馬付近には前線を伴う1002hPaの低気圧があって、20ktで東に進んでいます。(b) 図の850hPa天気図では、朝鮮半島南岸に低気圧を示すLの記号があります。さらに、(d) 図の500hPa面では黄海から東シナ海西部に気圧の谷 (トラフ) が延びています。この状態は地上低気圧の中心と上空の気圧の谷 (トラフ) を結ぶ低気圧の軸が高さと共に西に傾いていて、図4-2-6の (A) の「低気圧の発達期」の構造に該当しています。

■ 図 ■　4-2-2　発達する低気圧の構造　3月29日21時 (12UTC)

(a) 地上天気図

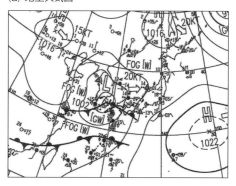

(b) 850hPa天気図

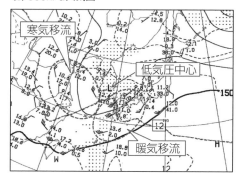

(c) 700hPa天気図

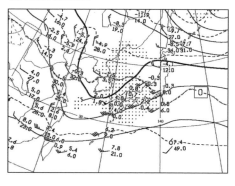

(d) 500hPa天気図

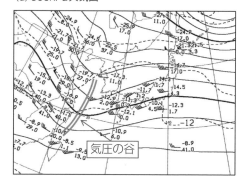

　それでは、何故このような構造になっているのでしょうか。

　(d) 図の500hPa天気図の気圧の谷付近を拡大した図4-2-3で考えてみましょう。黄海から東シナ海西部に延びる気圧の谷の後面で、等高度線5,640m上の東経120度上の地点をA点、気圧の谷の前面で東経130度上の地点をB点とします。気圧の谷は両地点のほぼ中間にあります。

　次に、A、B両地点付近の温度分布を見てみましょう。赤色の破線は−18℃の等温線で、温度場の谷 (サーマルトラフ) は気圧の谷の西側 (A点寄り) に位置しています。従って、A点の

気温は−18℃より低く、B点は−18℃より気温が高いことが分かります。

図 4-2-3　500hPa天気図上の気圧の谷と温度場の谷

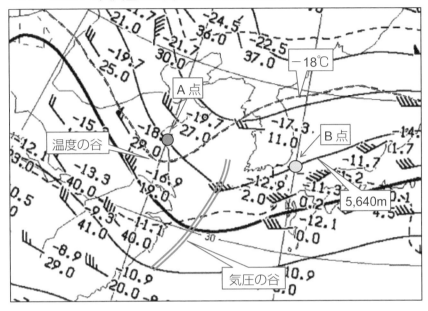

　天気図から分かるようにA点とB点は、同じ気圧（500hPa）で同高度（5,640m）ですが、温度はA点がB点より低くなっています。この状態を単純化して図示すると図4-2-4 (a) のようになります。A, B両地点は500hPa気圧面の高度5,640mの平面上にあって、A点はB点より冷たい空気側に位置しています。

　ここで、(b) 図のような高度5,640m面から△zmだけ下方にある水平面Zを考え、このZ面でA点とB点の真下の地点を、それぞれC点、D点とします。A点とC点の間の空気柱をA−C、B点とD点の間の空気柱をB−Dとすると、両空気柱の長さは同じですが、空気柱の重さはA−Cの方が重くなります。

　これは等温線の分布から分かるように、空気柱A−C内の空気は空気柱B−Dに比べ冷たい空気で占められ密度が大きいからです。このため、Z面でのC点の気圧はD点より高くなります。そして、Z面での等圧線は (b) 図のように描くことができるので、この面での気圧の谷はC点とD点の中間ではなく、東側のD点寄りに位置することになります。

図 4-2-4 気圧の谷の西傾の構造

（a）気圧の谷と温度場の谷

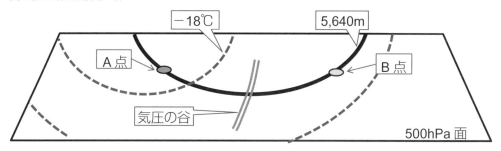

（b）気圧の谷の傾斜

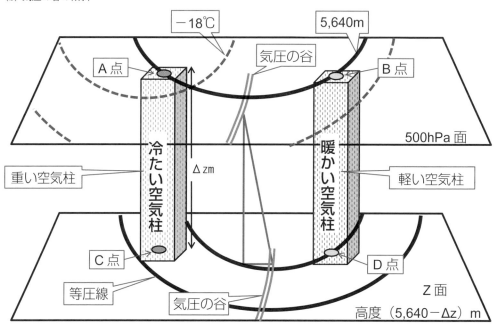

（b）図から分かるように、気圧の谷は下層から上層に向かって西側に位置する構造となります。このような構造となるのは、気圧場の谷に比べ温度場の谷が西側にあって、等高度線と位相がずれているためです。

　続いて、図4-2-5は気圧の谷と温度場の谷が同じ位置の場合です。この状態では、等高度線と等温線の位相は一致しています。この場合、空気柱A-CとB-D は同じ温度の空気によって占められているので、両空気柱の重さは同じです。このため、Z面での気圧の谷はC点とD点の中間に位置し、気圧の谷は下層から上層に向かって垂直に立った状態となり傾きはありません。

図 4-2-5 直立した気圧の谷の軸

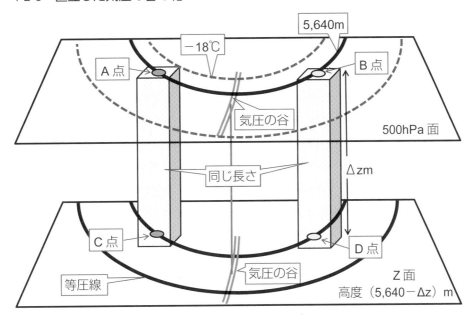

寒冷前線が温暖前線に追い付き、低気圧の中心に寒気が流れ込んで閉塞段階に入ると、低気圧の軸は直立した構造となります。

図4-2-6に示すように、気圧の谷（トラフ）と地上低気圧の中心を結ぶ軸が（A）のように西傾している段階は発達期、（B）のように気圧の谷（トラフ）と地上低気圧の中心が殆ど同じ位置にあって、軸が直立している場合は閉塞期、さらに（C）のように上空の気圧の谷（トラフ）が地上低気圧中心の前方に移動すると衰弱期となり、低気圧の発達はありません。このように、低気圧の軸の傾きをチェックすることは、低気圧の発達過程を知る上で大切なポイントとなります。

図 4-2-6 低気圧の発達過程と上空の気圧の谷の位置

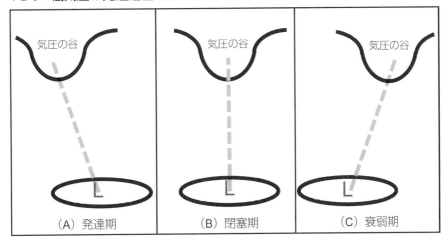

2-1-2 温度移流

温度移流の状態は、風向・風速と等温線の関係から判断できます。

図4-2-7でB点とD点の気温変化を考えてみましょう。(a) 図では風向と等温線は大きな角度で交差しています。今、B点は＋2℃、D点は－2℃とします。＋2℃のB点には、ある時間経過後にA点の－6℃の空気が流れてきて気温は下がります。また、－2℃のD点には、C点の＋6℃の空気が移動して来るので気温は上昇します。この場合、前者は「寒気移流」、後者は「暖気移流」が大きいと言えます。

一方、(b) 図ではA点とB点は同じ0℃の等温線上に、またC点とD点も同じ等温線上にあります。この状態は、ある一定時間経過後にB点へA点にある空気が移動してきても、またD点にC点の空気が流れ込んで来ても、B点とD点の温度は変化しないので、温度移流はない状態です。

(a) 図のように風向 (等高度線) と等温線が大きな角度で交わり、風が強いと暖気移流や寒気移流の「温度移流」が大きくなります。

図 **4-2-7　温度移流の概念**

(a) 風向と等温線の交差角が大

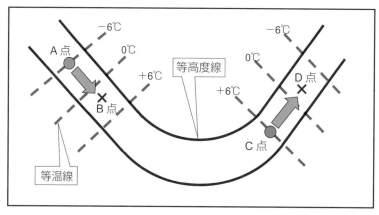

(b) 風向と等温線がほぼ平行

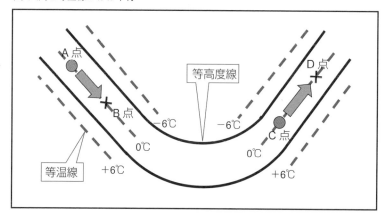

100頁の図4-2-2 (b) の850hPa天気図で、12℃の等温線は対馬付近の地上低気圧の東側では九州を縦断しています。そして、西日本では南西風が卓越し、風は等温線と大きな角度で交差しています。特に、福岡や鹿児島上空では40〜45ktの強い南西風が吹き、低気圧の前面で南から暖かい空気が北へ盛んに運ばれる「暖気移流」の場であることが分かります。

　一方、低気圧の後面 (西側) では北西風が等温線と大きな角度で交わり、「寒気移流」の場となっています。この状態は、温帯低気圧域内で南北方向の熱輸送が活発に行われている状態を表し、発達中の低気圧に見られる特徴です。

　続いて、同日時の数値予報図を見てみましょう。図4-2-8はAXFE578の「500hPa高度・渦度解析図」と「850hPa気温・風/700hPa鉛直流解析図」です。

■図■　4-2-8　AXFE578で見た低気圧構造

(a) 500hPa高度・渦度解析図

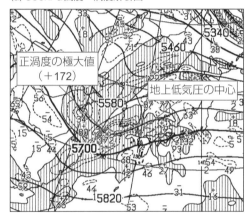

(b) 850hPa気温・風/700hPa鉛直流解析図

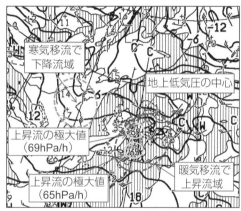

3月29日21時 (12UTC)

　(a) 図で東シナ海には極大値172を持つ正渦度があります。この正渦度は黄海から東シナ海西部に延びる気圧の谷 (トラフ) に対応し、地上低気圧の中心と上空のトラフを結ぶ低気圧の軸は西方に傾いています。(b) 図では、地上低気圧の前面 (東側) の九州や中国地方では南西風が25〜45ktと強く、等温線は北東方向に突き出て暖気移流が活発です。そして、65hPa/h以上の上昇流域が九州西部や対馬付近に解析されています。また、低気圧の後面 (西側) の東シナ海西部は北西風の場で、等温線は南方に窪み寒気移流で下降流域となっています。このように低気圧の前面の暖気移流域で活発な上昇流、後面の寒気移流域で下降流の状態は低気圧域内で有効位置エネルギーが運動エネルギーに変換され、低気圧発達の特徴を表しています。

　図4-2-9は3月29日21時 (12UTC) を初期値とする12時間予想図で、30日9時 (00UTC) の状態を予想しています。(a) 図の500hPa高度・渦度予想では日本海中部から九州にかけて気圧の谷 (トラフ) が延び、日本海には極大値＋180の正渦度が予想されています。この気圧の谷は図4-2-8では、黄海から東シナ海に位置していました。

続いて、(b) 図の850hPa気温・風/700hPa鉛直流予想図で、近畿は南西風が強く、9℃や12℃の等温線は北に盛り上がり、暖気移流が活発となる予想です。この地域には、極大値95hPa/hや64hPa/hを伴う上昇流域が拡がっています。

一方、九州から中国地方西部は北西風で寒気移流となり、下降流域となる予想です。そして、(c) 図の地上気圧、風、12時間降水量予想図では、若狭湾沖に中心気圧996hPaの低気圧が予想されています。この低気圧は初期値の29日21時に対馬にあった低気圧が移動してきたもので、中心気圧は12時間で6hPa下がる予想です。

図 4-2-9　3月30日9時 (00UTC) を予想した12時間予想図

(a) 500hPa高度・渦度予想図

(b) 850hPa気温・風/700hPa鉛直流予想図

(c) 地上気圧・海上風・12時間降水量予想図

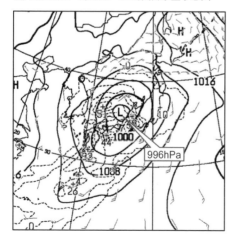

図 4-2-10　地上の実況図

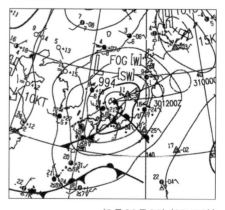

(3月30日9時 (00UTC))

なお、図4-2-10は図4-2-9 (c) の地上予想図に対応する30日9時の地上実況図です。数値予報図通りに低気圧は若狭湾沖に進み、中心気圧は994hPaまで下がり発達していることが確認できます。

2-2 水平面上の前線解析

前線は性質の異なる2つの気団の地表における境界線です。前線を境に気温、湿度、風などの気象要素が大きく変化します。地上天気図には各種前線記号を用いて前線が表示されていますが、上層の大気の状態を表す高層天気図には、前線は表示されていません。また、数値予報図でも前線そのものは予想されていません。

気象状態は前線を境に大きく変化することから、何処に前線が存在するかを把握し、前線通過のタイミングを予想することは天気予報上重要です。この項では、幾つかの気象要素の分布状態に着目して前線を解析してみましょう。

一般に、温度傾度の大きい所に着目することで前線帯を把握できます。高層天気図で等温線が帯状に混んでいる所の南縁で、風向や風速の変化が大きい所に前線が存在します。従って、天気図上の等温線の混み具合や風の変化に注目することが前線解析のポイントとなります。

図4-2-11は6日9時の地上と850hPa面の天気図です。(a) 図の地上天気図で、山陰沖の1002hPaの低気圧は東北東に25ktで進んでいます。この低気圧から温暖前線が能登半島付近を経て三陸沖に、寒冷前線は南西方向に台湾の北東海上まで延びています。(b) 図の850hPa天気図で上空の前線を解析してみましょう。日本付近の等温線の集中域を見ると、東経130度以東では6℃～0℃の温度帯で、東経130度以西では9～3℃の温度帯で等温線が混み合っています。そして、風向に注目すると日本上空は南西風、朝鮮半島や東シナ海では北西風が卓越しています。等温線の分布や風の変化に注目し、850hPa面の前線位置を描くと (b) 図のようになります。なお、上空の前線は地上前線の位置より寒気側に存在するので、地上天気図の前線位置も考慮することが必要です。

図 4-2-11　地上の前線と850hPa面の前線解析

(a) 地上天気図

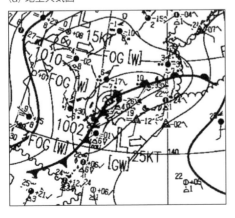

(b) 850hPa天気図

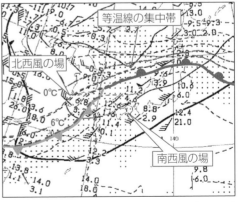

4月6日9時 (00UTC)

続いて、数値予報図で前線位置を決定してみましょう。

図4-2-12は6日9時（00UTC）を初期値とした850hPa風・気温/700hPa鉛直流12時間予想図で、21時（12UTC）の状態を予想しています。この天気図上で北海道の東海上から日本列島に沿って、9℃〜0℃の等温線の集中帯が見られます。この等温線の集中帯の東側の太平洋側では南西風が卓越し、西側の日本海では西〜北西風の場となっています。

このような等温線の集中帯や風の変化に着目すると、6〜9℃の等温線付近が850hPa面の前線帯と考えられます。

また、前線には上昇流域が帯状に存在することから、この特徴に注目することも前線位置を解析する上でのポイントとなります。700hPa面の上昇流域に着目すると、850hPaの等温線の集中帯に上昇流域を表す縦線域が重なり、この領域には上昇流の極大値が帯状に並んでいて前線の存在が確実です。

図 4-2-12　850hPa風・気温/700hPa鉛直流予想図の前線解析

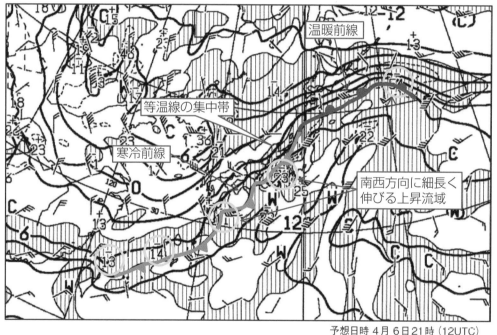

予想日時 4月6日21時（12UTC）

また、850hPa面の前線位置を決定する場合には「850hPa風・相当温位予想図」が便利です。前線付近は水蒸気量の多い湿潤な空気が流れ込み、空気塊の上昇で雲が発生する時に凝結熱が放出されます。凝結熱の放出で温位値は増加しますが、水蒸気が凝結しても、あるいは水滴の蒸発があっても相当温位値は変化しません。

相当温位は空気塊の飽和、未飽和に関係なく保存される物理量なので気団の性質をよく表し、前線の位置決定には有効です。この天気図に表示されている相当温位は、断熱変化に対し

て保存性があります。

　「850hPa風・相当温位予想図」で、等相当温位線の集中しているところが前線帯に対応します。図4-2-13は6日9時（00UTC）を初期値とした850hPa風・相当温位12時間予想図で、北日本では291～312K、東日本以西では300～321Kの等相当温位線が集中し、台湾北部を通り、華南に延びています。この集中帯の北側では25～30ktの北西～北の風が、南側は30～50ktの南西風が予想されています。風の変化が大きく、等相当温位線の集中帯の暖気側に850hPaの前線が解析されます。

図　4-2-13　850hPa風・相当温位12時間予想図

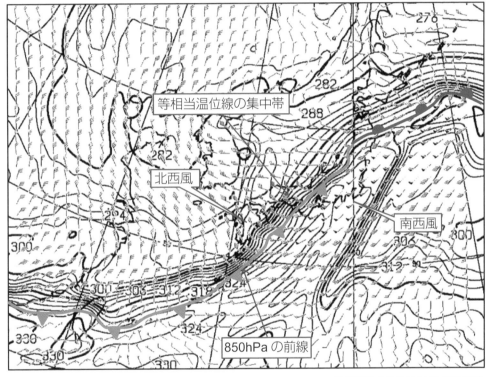

予想日時 4月6日21時（12UTC）

2-3　鉛直断面上の前線解析

　地上前線の上空にも気団の境界面があり、その境界面は「前線面」と言います。前線面を鉛直方向から見ると、寒気は暖気に比べ密度が大きいので寒気が下方に、暖気は上方に位置する構造となり、前線面は上空に向かって寒気側に傾いています。前線面の傾斜の勾配は、温暖前線で1/100～1/300、寒冷前線は1/50～1/100程度です。そして、前線面は温度や密度などが隣接する両方の気団へと徐々に変化する厚みを持つ転移層となっていて「前線帯」と呼ばれます。

　前線は等圧面天気図で等温線の集中帯として表れますが、鉛直断面方向では図4-2-14のよ

うに狭い範囲で等温線が大きく折れ曲がった状態として現れます。この等温線の折れ曲がった所は、上空にいくほど寒気側（北側）に位置しているので、前線面は上空に向かって寒気側に傾斜した構造となります。このような等温線の形状に注目することで、鉛直面での前線帯を把握することができます。

図 4-2-14　前線帯付近の水平面と鉛直断面の等温線分布

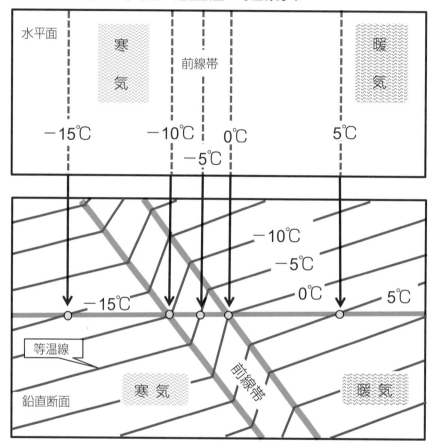

　図4-2-15は6日9時の高層断面図です。観測点AKITAの南の北緯38度付近から北側では等温線が大きく折れ曲がり、この形状の領域は上方に向かって北側に延びています。等温線の上面の折れ曲がり箇所と、下面の折れ曲がり箇所を結んだ領域が前線帯です。この領域を境に南側に暖気、北側に寒気が存在します。

(a) 高層断面図 4月6日9時 (00UTC)

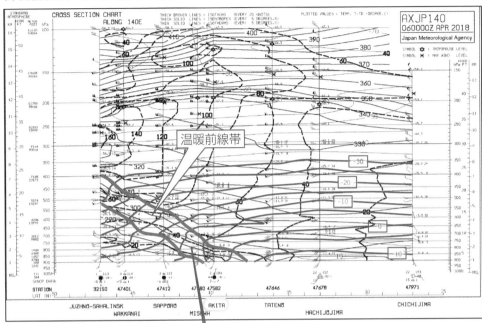

温暖前線帯

(b) 4月6日9時 (00UTC) の
地上天気図

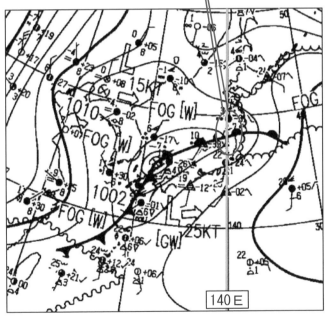

140 E

　同日時の (b) 図の地上天気図で、地上の温暖前線が秋田の南に解析されています。高層断面図上で、AKITAの南から北に伸びる等温線が折れ曲がった領域は、温暖前線帯に対応します。この領域は北方に向かって上空に延び、札幌上空では気層の下面は10,000ft付近、上面は15,000ft付近にあります。札幌上空では、この高度帯が温暖前線帯です。

前線帯は寒気の上に暖気が位置する鉛直構造となっているので、前線帯内は上方ほど温度が高くなり、大気成層としては安定な気層です。鉛直方向で気温減率の小さい気層では、Chapter 3の4-1-2で説明した通り高度と共に温位の増加する割合は大きくなります。従って、前線帯内では図4-2-16のように鉛直方向の温位の増加が大きくなり、等温位線が集中します。高層断面図上で等温線が折れ曲がった形状から前線帯と推察される領域では、太実線で描画された等温位線の集中域が確認できます。この領域内では等温線と等温位線が X 字状に交差するように表現され、等温位線の集中域が前線帯の傾斜を表すように延びます。

■ 図 ■ 　4-2-16　前線帯内の等温線と等温位線

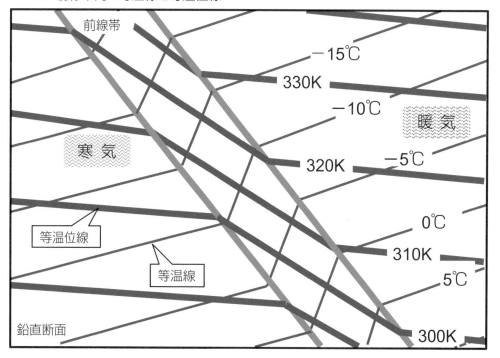

　温位による前線解析は、空気が乾燥していて上昇流があっても、水蒸気の凝結が非常に少ない場合には有効です。しかし、前線付近には湿潤な空気が流れ込み、雲の発生で潜熱が放出されるので、温位による前線位置は不明瞭となってしまいます。但し、「航空路予想断面図」では飽和空気塊にも保存性のある相当温位が描画されているので、等相当温位線の分布から前線帯を容易に把握できます。

　図4-2-17は6日3時を初期値とする6時間先の6日9時を予想した航空路予想断面図です。SENDAI付近から北方に延びる等相当温位線の集中帯が見られ、等温線と等相当温位線が X 字状に交差しています。この領域が前線帯で、前述の等温位線よりは前線帯の構造がより明瞭に現れているのが分かります。

図 4-2-17　予想断面図の温暖前線帯解析

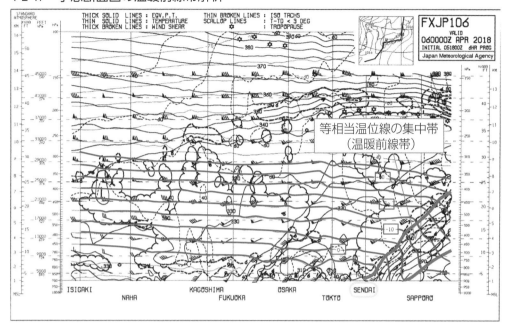

等相当温位線の集中帯
（温暖前線帯）

　図4-2-18は、図4-2-15（b）の24時間後の地上天気図です。6日9時に山陰沖にあった低気圧は、発達して北海道の南東海上に進みました。地上の寒冷前線は日本列島を通過して日本の東海上に移動しています。上空の前線は地上前線より寒気側（北側）に位置するので、上空の寒冷前線は日本上空に存在していると考えられます。

図 4-2-18　4月7日9時（00UTC）の地上天気図

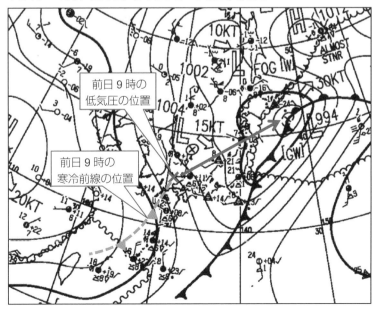

前日9時の
低気圧の位置

前日9時の
寒冷前線の位置

日本の東海上に位置している地上の寒冷前線が、上空ではどのように存在しているかを図4-2-19の航空路予想断面図で確認してみましょう。

■図■ 4-2-19　予想断面図上の寒冷前線帯解析

（a）7日3時を初期値とする6時間予想（予想日時7日9時（00UTC））

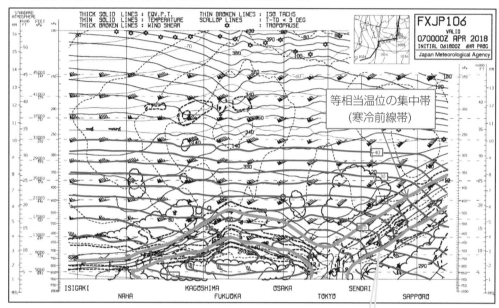

（b）4月7日9時（00UTC）
　　の地上天気図

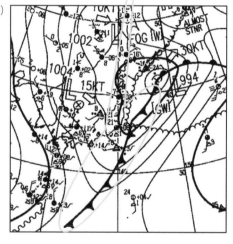

　図中の赤色の細い実線は等温線を表し、等温線が折れ曲がった領域（等温線の傾斜の大きい箇所）が前線帯です。KAGOSHIMAやSENDAI上空の高度約9,000〜17,000ft間に等温線が折れ曲がった領域があり、各地点上空の前線帯の厚みを知ることができます。また、このエリアでは太い実線で描画された等相当温位線が密集しています。この集中域の上端と下端をつなげた青色の太実線の領域では、等温線と等相当温位線がX字状に交差して前線帯の特徴

を表しています。このような等温線や等相当温位線の特徴から、日本上空でどの高度帯に前線が存在するかを把握できます。

2-4　上層風の変化

　地表面の摩擦の影響の及ばない上空では、地衡風に近似した風が吹いています。地衡風は気象学の基礎で学習した通り、等圧線が直線かつ平行な領域で気圧傾度力とコリオリの力の二つ力が釣り合って吹く理論上の風です。北半球では図4-2-20の通り低圧側を左側に、高圧側を右側に見て等圧線に平行に風は吹き、気圧傾度が大きくなると風速は強まります。

■ 図　4-2-20　地衡風

(a) 地衡風の理論

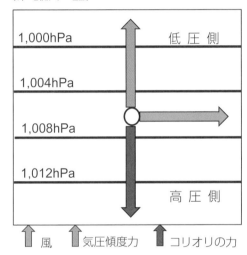

(b) 500hPa面の実況風

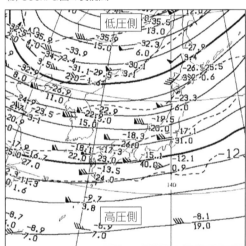

　地衡風の関係が成立する中緯度帯上空では一般に西風が吹いていて、高度が高くなるほど風は強まっています。さらに、冬季は夏季より風が強く、対流圏界面付近では風速が200kt位まで強まることもあります。このような風の高度変化や季節変化をもたらす大気構造について見てみましょう。

　対流圏内では低緯度側は暖かく、高緯度側が冷たくなっています。このため一定質量の空気柱を考えた場合、図4-2-21のように暖かい空気の存在する低緯度側の空気柱は、冷たい空気のある高緯度側の空気柱に比べ長くなります。

　図のように1,000hPa面が水平だとすると、850hPa面の高度は低緯度側から高緯度側に向かって低くなります。このため、(a) 図のように同一高度での南北方向の気圧分布を見ると、低緯度側は高緯度側に比べ気圧が高く、気圧傾度力は低緯度側 (南) から高緯度側 (北) に向かいます。さらに、(b) 図のように等圧面の傾斜の割合は、上空に向かうに従い大きくなっていきます。 このため 、高さと共に南方から北方に向かう気圧傾度は大きくなり、上層ほど低

緯度側から高緯度側に向かう気圧傾度力は強まることになります。

図 4-2-21 等圧面の傾斜

（a）同一高度での気圧差

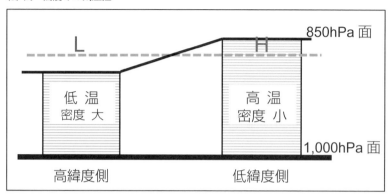

（b）各等圧面の傾斜

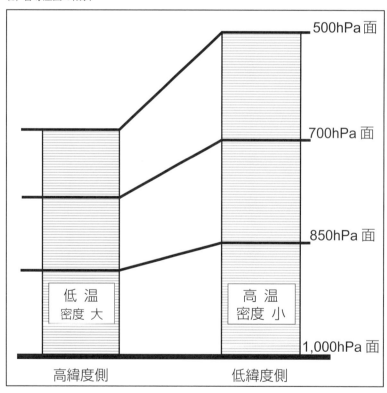

　この気圧傾度力とコリオリの力が釣り合って吹く風が地衡風です。北半球では南側に暖気、北側に寒気があるので、低緯度側は高圧部、高緯度側は低圧部となります。気圧傾度力は低緯度（南）側から高緯度（北）側に向かうので、図4-2-20の通り中緯度帯の上空の風は西風とな

りします。そして、上層ほど気圧傾度力は強くなるので図4-2-22のように上層ほど西風は強まることになります。

図 4-2-22 　等圧面の傾斜と風の変化

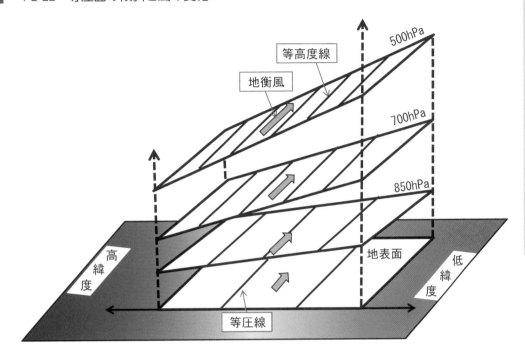

このように水平方向の温度傾度は等圧面の傾斜となって現れ、等圧面の傾斜は気圧傾度を支配します。一地点上空で上層ほど気圧傾度力が強まることは、最終的に鉛直方向の風の変化に結びついています。このため、上層の風は南北方向で温度傾度の小さい夏季には上層の風は弱く、温度差の大きくなる季節には非常に強くなります。図4-2-23は夏季と冬季の高層断面図です。この天気図から等温線と上層風の鉛直変化を見てみましょう。

図 4-2-23　夏季と冬季の上層風

(a) 夏季（7月29日）の温度分布と上層風

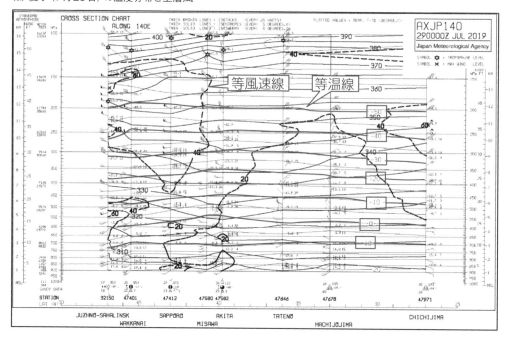

(b) 冬季（2月28日）の温度分布と上層風

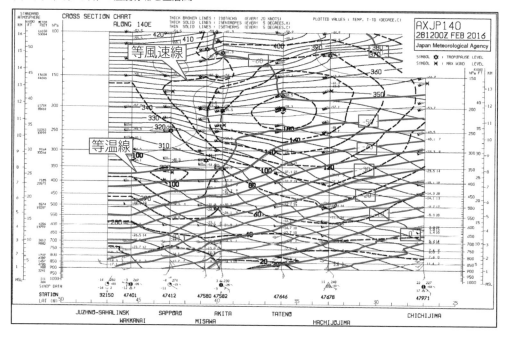

　夏季の (a) 図では、等温線はほぼ水平で南北方向の温度傾度は殆どありません。このため、日本上空で南北方向の等圧面の傾斜は殆どなく、南北方向の気圧傾度力は小さく上層風は弱い状況です。一方、冬季の (b) 図で等温線は低緯度（南）側から高緯度（北）側に向かって傾斜

していて、低緯度側が高温で高緯度側が低温となっているのが分かります。このため、図4-2-22のように等圧面は低緯度から高緯度に向かって低くなり、南から北に向かう気圧傾度力は上層ほど大きくなって、高さとともに西風が強まることになります。このように、南北方向で温度傾度の大きい時季には、上空の西風は高度と共に強まります。

　続いて、図4-2-24の高層断面図で等温線の分布を見てみましょう。圏界面高度（☆マーク）から上では、等温線の南北方向の分布が対流圏内と逆になっています。対流圏内の気温分布は、低緯度（南）側から高緯度（北）側に向かって低くなっていますが、成層圏では逆に低緯度（南）側から高緯度（北）側に向かって高くなっています。成層圏内のこのような温度分布は高緯度（北）側が暖かく、低緯度（南）側が冷たいことを表しています。この理由は、高緯度側の圏界面高度が低緯度側に比べ低くなるためです。成層圏内の南北方向の温度分布が対流圏内と逆方向となることは、対流圏内で高さとともに強まった西風が、成層圏に入ると次第に弱まっていくことを意味します。実際に図中の等風速線の分布からも確認できるように、最も風の強い領域は圏界面高度付近に存在しているのが分かります。

図 　4-2-24　前線帯と風の高度変化

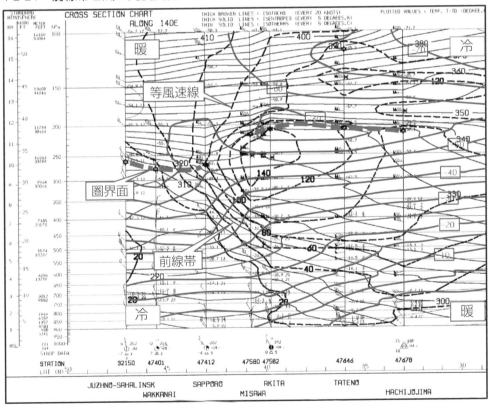

　このように、水平方向の温度傾度は風の高度変化を左右します。このことを考えると、水平方向で温度傾度が大きい領域ほど、鉛直方向の風の変化は大きくなります。図4-2-14で説明

した通り、前線は暖気と寒気の接する所で、前線帯は天気図上で等温線の集中帯として表現され、水平方向の温度傾度が大きい領域です。従って、前線帯では高さ方向の風の変化が大きくなり、前線帯の直上には周りに比べて、より強い西風の領域が形成されます。図4-2-24で等温線の折れ曲がっている領域として現れている前線帯内では、等風速線を表す太い破線が集中し、鉛直方向の風の変化が大きいことが確認できます。なお、この南北方向の温度傾度に起因して対流圏上部に形成されているのが「寒帯前線ジェット気流」です。

2-5 ジェット気流軸の把握

　対流圏上部や成層圏下部の高高度を飛行する航空機にとって、乱気流の回避や燃料節約のためにジェット気流の動態を把握することは不可欠です。ジェット気流はWMO（世界気象機関）で「対流圏上部もしくは成層圏で、ほぼ水平軸に沿って集中した強く狭い流れであって、鉛直及び水平方向に強い風のシアーを持ち、一つまたはそれ以上の風速極大域があるなどの特徴があり、ジェット気流軸に沿った風速の弱い方の限界は60kt」とされています。

　ジェット気流は地球を取り巻く大きなスケールの大気の流れですが、図4-2-25のように中緯度帯の日本付近に影響するジェット気流には、寒帯前線ジェット気流（Jp：Polar Front Jet Stream）と亜熱帯ジェット気流（Js：Subtropical Jet Stream）があります。

■図■　4-2-25　大気大循環とジェット気流

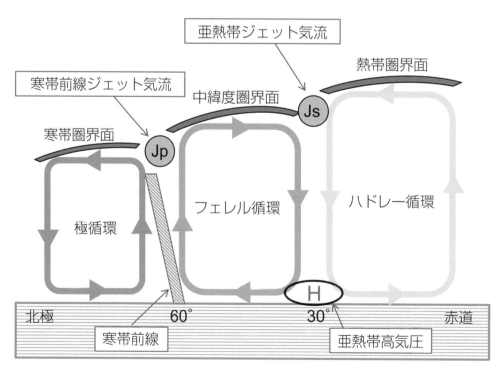

ジェット気流軸の位置と最大風速は、高層天気図の実測風と等風速線の分布から決定することができます。その際、60kt以上の風が吹いている領域で、図4-2-26のように破線で描画されている等風速線の突き出た箇所をつないでいくことによって、ジェット気流軸の位置が分かります。

図　4-2-26　等風速線分布とジェット気流軸

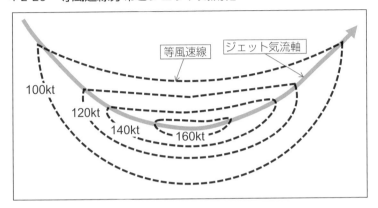

ここで、高層天気図からジェット気流軸を解析してみましょう。図4-2-27の250hPa高層天気図には等風速線（ISOTACH）が20kt毎に描画されています。120kt以上の等風速線を青色破線で上書きすると、日本上空には約160ktの強い西風が吹いていて、各等風速線が東西方向に突き出た箇所（等風速線の曲率の大きい箇所）をつなぐと緑色の太実線が描けます。この緑色の太実線がジェット気流軸に相当し、華中から朝鮮半島南岸を経て、近畿から関東上空を通り太平洋上に延びています。

図　4-2-27　250hPa面の等風速線分布とジェット軸

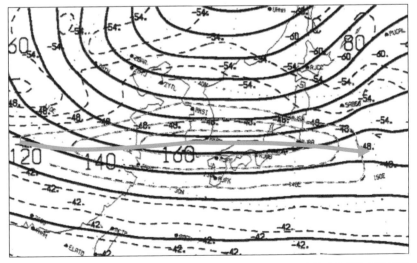

12月5日9時（00UTC）

また、200hPa高層天気図にはジェット気流軸が解析されています。図4-2-28は図4-2-27と同日時の200hPa天気図で、ジェット気流軸を示す170〜180ktの矢羽根のラインが、朝鮮半島南岸から山陰沖、そして近畿、関東を経て関東の東に延びていて、250hPa面のジェット気流軸とほぼ同じ位置に見られます。

図 4-2-28　200hPa面のジェット気流軸

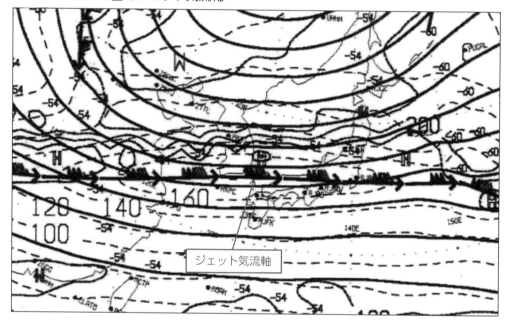

12月5日9時（00UTC）

　さらに、高層断面図を活用することで、より立体的にジェット気流軸を把握することができます。図4-2-29の同日時の高層断面図で、TATENO上空の北緯35〜37度付近の32,000〜42,000ft間には閉じた160ktの等風速線が描画されています。この風速域が250hPa面や200hPa面の強風軸に対応していて、断面図と併用することでジェット気流の最大風速域の拡がりや深さなどのより細かいな情報を知ることができます。なお、断面図でジェット気流軸を見ると管状に見えますが、高層断面図は横方向に対し縦方向は引き伸ばした形で表現されているので、水平軸と鉛直軸の縮尺を考えてジェット気流軸を捉えることも必要です。

図 4-2-29 高層断面図のジェット気流軸

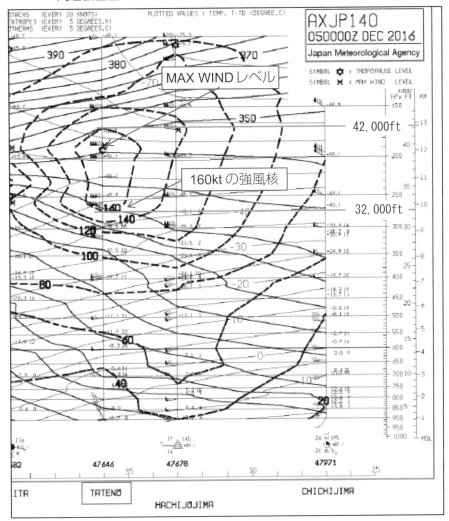

12月5日9時 (00UTC)

3 雲域の解析

3-1 雲域の予想

　　700hPa面で湿数3℃未満の区域は、対流圏中層で水蒸気の移流が盛んで下層雲や中層雲の発生域と対応します。この湿域の分布から雲域の拡がりや移動を予想することができます。また、鉛直流（上昇流、下降流）は雲の発生や消散に関係する重要な因子です。鉛直流は非発散高度と言われる対流圏中層で最も大きく現れ、数値予報図では700hPa面で鉛直流の強さを表現しています。図4-3-1は29日21時（12UTC）を初期値とする（a）「500hPa気温/700hPa湿数」と（b）「850hPa気温・風/700hPa 鉛直流」の24時間予想図で、30日21時（12UTC）の状態を予想しています。

　　（a）図では湿数3℃未満の湿潤域が日本海東部から北陸、東北、北海道を覆い、そして日本の東海上に拡がっています。さらに、（b）図ではほぼ同じ範囲に上昇流域が予想され、三陸沖には極大値143hPa/hが確認できます。また、関東の東から三陸沖では850hPa面で南寄りの風が強く、等温線が北に突き出し暖気移流が活発となっています。

■ **図** 4-3-1　気温、風、湿域や鉛直流の予想図（予想日時3月30日21時）

(a) 500hPa気温/700hPa温数予想図

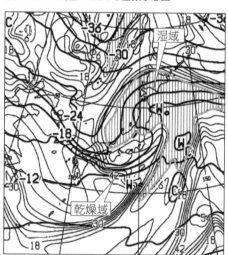

(b) 850hPa気温・風/700hPa鉛直流予想図

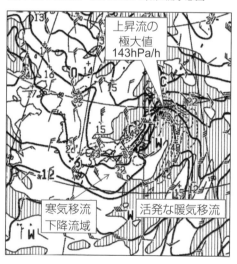

　　同日時の図4-3-2の気象衛星赤外画像を見ると、日本海東部から東北や北海道、そして日本の東海上に拡がる白色の雲域が観測されています。この雲域の拡がりは予想図の湿潤域や上昇流域と対応しています。さらに、三陸沖には輝く明白色の雲域があり、この雲域は上昇流の極大値付近に対応し活発な対流雲であることが分かります。なお、雲域の北側への膨らみは「バルジ」と呼ばれ、低気圧が発達する時に見られる形状で下層からの暖気移流が顕著である

ことを表しています。

　一方、西日本や東海道沖は雲のない領域となっています。この領域は乾燥した冷たい空気が、低気圧の西側から南側を経て、低気圧の中心付近に廻り込んでいるためです。図4-3-1では乾燥域や下降流域として予想されています。この雲のない暗い領域は「ドライスロット」と呼ばれ、低気圧が最盛期にあることを示します。

図 　4-3-2　気象衛星赤外画像から見た低気圧の雲域

バルジ

明白色の雲域

ドライスロット

3月30日21時（12UTC）

　なお、数値予報図で雲域を把握する場合、水蒸気分布を表す「500hPa気温/700hPa湿数」と空気の動きを表す「850hPa気温・風/700hPa 鉛直流」の2種類の天気図を重ね合わせて解析することが大切です。

3-2　上空の寒気と対流活動

　上空に寒気が流れ込むと地上と上空の温度差が大きくなるので、大気は不安定となり活発な対流雲が発生します。積乱雲が発達して短時間に強い雨が降り、雷を伴うこともあります。時には降雹や竜巻が発生して、農作物や家屋に被害をもたらします。そこで、大気の安定度を定性的に見るために、500hPa面での寒気の変化を把握することは大切です。

図4-3-3 (a) の5月18日9時の地上天気図で、日本付近は広く移動性高気圧に覆われていて、天気の崩れはないように思われます。しかし、(b) 図の12時の気象衛星可視画像では、静岡県、山梨県付近から北関東にかけて明白色の雲域が拡がっています。可視画像で明白色は厚い雲域を表すので、対流性の雲が発生していると推察されます。また、図 (c) の9時と11時の気象レーダー観測では、エコー域が中部山岳地帯に広がり、活発化しながら東に進んでいることが確認できます。

図　4-3-3　高気圧圏内の対流雲

(a) 地上天気図

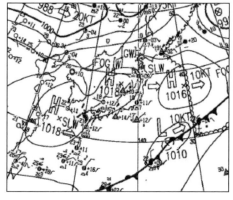

5月18日9時 (00UTC)

(b) 可視画像

5月18日12時 (03UTC)

(c) レーダーエコー

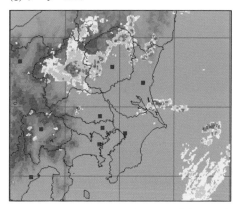

5月18日9時 (00UTC)

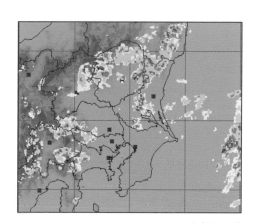

11時 (02UTC)

　この日の上空の大気の状態を図4-3-4 (a) の500hPa高層天気図で見てみましょう。日本の上空には気圧の谷があって、東日本から北日本上空は－18℃の寒気に覆われています。そして、当日の21時を予想した500hPa気温/700hPa湿数予想図で、上層の寒気は関東の東に移動しています。この上空の寒気の変化から、18日日中東日本から北日本の上空を寒気が通過

し、大気成層は不安定となることが分かります。このため、活発な対流雲が発生する可能性が高いことが読み取れます。実際、図4-3-3（c）の通り北関東には活発なレーダーエコーが観測されています。このように、上空の寒気に注目することで大気の安定度を定性的に知り、対流雲の発生の潜在性を把握できます。

図　　4-3-4　　上層寒気と不安定

（a）500hPa天気図

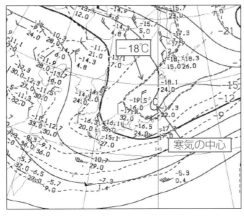

（b）500hPa気温／700hPa温数予想図

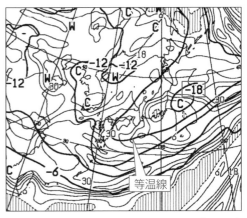

5月18日9時（00UTC）　　　　　　　　　　5月18日21時（12UTC）

　また、冬季の500hPa面の寒気の強さは降雪の強さに影響します。地域によって違いはありますが、－30℃で雪となり、－35℃以下の寒気では大雪になる可能性が高くなります。

　図4-3-5は1月7日の21時の地上天気図、500hPa高層天気図と気象衛星赤外画像です。地上の気圧配置は西高東低の冬型の気圧配置で、500hPa面では－30℃の等温線が北日本を覆っています。また、同時刻の気象衛星赤外画像で、日本海には筋状の雪雲が大陸の沿岸部から並び、寒気の吹き出しが強いことが分かります。

図 4-3-5 上層寒気と雪

（a）地上天気図

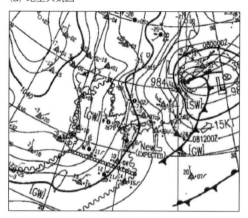

1月7日21時（12UTC）

（b）500hPa天気図

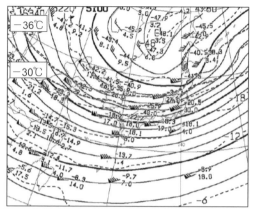

1月7日21時（12UTC）

（c）赤外画像

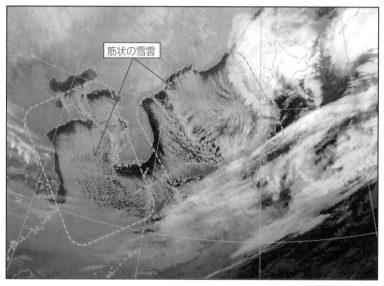

1月7日21時（12UTC）

　図4-3-6の7日21時を初期値とする「500hPa気温／700hPa湿数予想図」の8日9時を予想した（a）図で、－30℃の等温線は山陰付近まで南下しています。（b）図の24時間予想の21時では、－30℃の等温線はさらに四国から九州北部まで南下する予想です。また、－36℃線は山陰沿岸部まで南下し、日本上空には非常に強い寒気が流れ込むことが分かります。実際、7日から9日にかけては北日本から西日本の日本海側の地域を中心に広い範囲で大雪となりました。

(a) 予想日時 8日 9時 (00UTC)

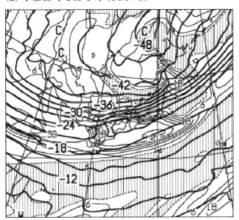

(b) 予想日時 8日21時 (12UTC)

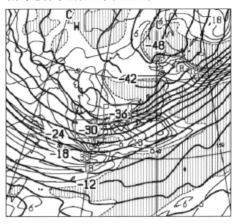

　なお、降雪には850hPaや700hPa面の気温、さらに地上気温や湿度も大きく影響するので、それらの気象要素の確認も必要です。

3-3 対流不安定と対流活動

　対流不安定とは、条件付き不安定な大気層全体が上昇することによって不安定な大気層に変化する状態です。この現象は下層が湿潤で上層が乾燥した大気層が、山岳斜面や前線面に沿って強制的に上昇する場合に発生します。大気層全体が強制的に上昇し、飽和によって不安定が顕在化して対流活動が活発となり、積乱雲などが発達します。

　図4-3-7は、対流不安定が形成される過程を表しています。下層が湿潤で上層が乾燥した大気層が山岳斜面や前線面を滑り上がる時に、湿潤な下層は初め乾燥断熱減率で温度は下がりながら、相対湿度が上昇していきます。そして、上昇途中で飽和に達すると、その後は湿潤断熱減率で温度が下がります。一方、上層は乾燥しているため、気層全体が上昇しても下層ほど早く飽和に達することなく、乾燥断熱減率で温度は下がります。初めの気層全体の状態曲線はA－Bですが、早期に飽和に達する下端A点に比べ上端B点は温度変化が大きくなるので、上昇後の気層全体の状態曲線はA1－B1に変化します。図のように気層全体の気温減率は大きくなり、気層全体の不安定度が高まります。

図 4-3-7　大気層の上昇による状態曲線の変化

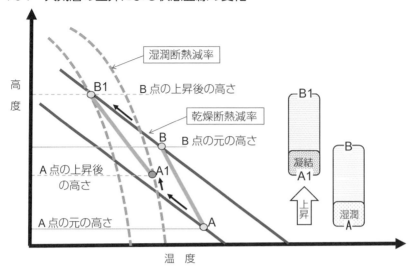

このような対流不安定の状態は、相当温位の高度変化に着目することでも判断できます。
図4-3-8は図4-3-7の大気層の温度変化の図に加筆して、下端A点と上端B点の空気塊の相当温位値を求めています。なお、相当温位の算出法についてはChapter 3の図3-4-2で説明しています。図4-3-8の通り、対流不安定の気層では上端B点の相当温位値B3は、下端A点の相当温位値A3より小さくなります。

このように、対流不安定の気層は上方の相当温位値の方が下方の相当温位値より小さく、上空へ向かうにつれて相当温位値は減少する分布となります。

図 4-3-8　対流不安定と相当温位の高度変化

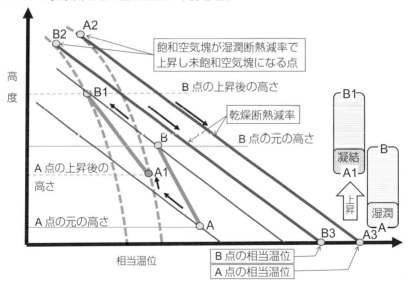

図4-3-9は7月31日9時（00UTC）を初期値とする6時間先の15時（06UTC）を予想した国内航空路6時間予想断面図です。下段のSENDAI以南の等相当温位線の分布を見ると、地上から高度10,000ft付近までの高度帯は、高さと共に相当温位値は減少しています。このような相当温位値の変化は、大気層が「対流不安定」の状態にあることを表しています。

図　4-3-9　予想断面図上の等相当温位線の高度変化

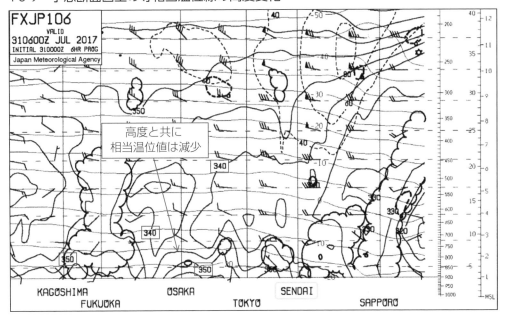

　図4-3-10は31日日中の気象衛星赤外画像やレーダーエコー、そして15時の地上天気図です。（b）図の地上天気図で、日本列島は広く高気圧に覆われています。9時の衛星画像で東日本や西日本に雲域はなく、青空が広がっていることが分かります。しかし、昼過ぎには西日本の内陸部を中心に雲が発生し、15時の赤外画像では広い範囲で明るく輝く白色の雲域が拡がっています。明白色の団塊状の纏まった雲域であることから、活発な対流雲が発生していると考えられます。同時刻のレーダー観測でも近畿、中国、四国、そして九州では内陸部を中心に橙、赤色の強いエコー域が広がり、広い範囲で活発な積乱雲が発生していると判断できます。図4-3-9で解析した通り、この日の西日本から東日本の下層を覆う空気は、潜在的に不安定要素が大きい状態でした。

図 4-3-10 対流雲の発生分布と気圧配置

(a) 赤外画像

7月31日9時（00UTC）

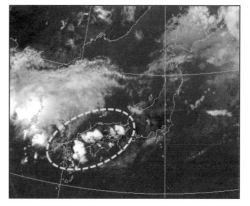

31日15時（06UTC）

(b) 地上天気図

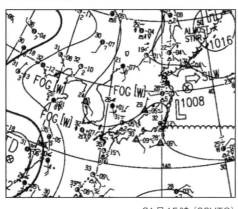

31日15時（06UTC）

(c) レーダーエコー

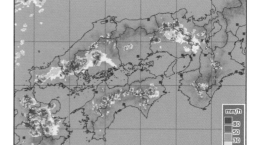

31日15時（06UTC）

　大気環境場で不安定要素が高まると予想される場合は、気象衛星画像やレーダーエコー図で活発な雲の発生の有無、発生後の雲域の移動や盛衰などの実況変化を小まめに監視していくことが大切です。

3-4　雲形の識別

　気象衛星画像では、雲域の明暗の状態から雲形の識別ができます。可視画像は太陽光の反射率を捉えた画像で、雲中の雲粒が多いほど反射率が高く明るく見えます。このため、積乱雲のように鉛直方向に発達した厚い雲ほど明るく写し出されます。一方、赤外画像は雲頂温度の低い、つまり雲頂高度の高い積乱雲、雄大積雲、厚い上層雲は明るく表現されます。逆に、雲頂高度の低い雲は暗く写ります。衛星画像から雲形を識別する場合には、このような特徴をもとに可視画像と赤外画像を組み合わせて見ることが必要です。各画像別の上層雲、中層雲、下層雲などの特徴を纏めると、図表4-3-1及び図4-3-11のようになります。

図表 4-3-1　雲の種類と気象衛星画像

	可視画像	赤外画像
上層雲	上層だけにある薄い雲は写らない。 厚い雲は白く写る。	雲層が厚いと真っ白く写る。 雲層が薄いと白の明るさが落ちる。
中層雲	一般に雲層は厚いので、真っ白く写る。	ややくすんだ白に写る。
下層雲	白く、不規則な形として写る。	雲として識別できず、黒く写る。
霧	白く写る。	地表面と識別できず、黒く写る。
発達した対流雲	真っ白く写る。	真っ白く写る。

図 4-3-11　可視、赤外画像の雲形の特徴

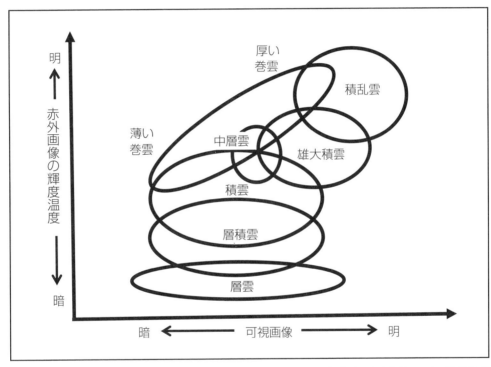

（気象庁　気象衛星センター資料より）

　ここで、図4-3-12 (a)、(b) の5日9時の気象衛星画像から雲域の特徴を見てみましょう。なお、衛星画像に加筆した低気圧や前線の位置は、同口時の (c) 図の地上天気図上の低気圧と前線を転記しています。

（a）赤外画像

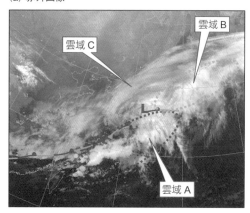

（b）可視画像

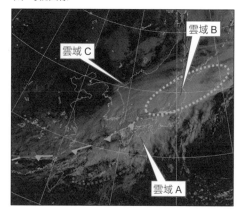

3月5日9時（00UTC）

（c）地上天気図

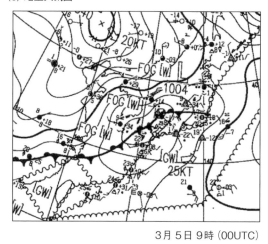

3月5日9時（00UTC）

（d）レーダーエコー

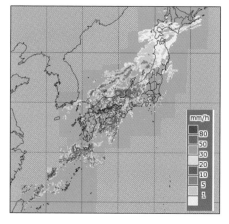

3月5日9時（00UTC）

　（a）図の赤外画像で近畿、中国、四国の地域や南西諸島には白色の雲域Aが拡がり、所々に輝く明白色の塊が見られます。この雲域Aは（b）図の可視画像でも白色に表現され、表面が凸凹した形状であることから活発な対流雲を含む厚い雲域と判断されます。また、東北から北海道の南海上に拡がる雲域Bも赤外画像では明白色で、可視画像でも白く表れていますが表面は滑らかです。この特徴から雲頂が高い厚い雲ですが、活発な対流雲ではないと推察されます。さらに、低気圧や前線の北側で、日本海北部から朝鮮半島、黄海を経て華南に延びる雲域Cがあります。この雲域は赤外画像でくすんだ白色、可視画像では灰色で表現されていて、中層の雲域と判断されます。

　続いて、（d）図の気象レーダーエコーを見ると北海道や関東の一部の地域を除き、日本列島にはエコー域が拡がっています。特に、近畿から四国の南海上、そして南西諸島の西の海上に

は黄色や赤色の強いエコーが観測されていて、活発な対流雲の存在が確認できます。これらの活発なエコー域は赤外、可視の両画像で確認された雲域Aと一致しています。

　また、雲域Aの対流雲域と気圧分布の関係を (c) 図の地上天気図から見ると、雲域は停滞前線の南方に拡がっています。同時刻を予想した図4-3-13の「850hPa気温・風/700hPa鉛直流12時間予想図」で、西日本では850hPa面の12℃の等温線が北東方向に盛り上がり、45kt前後の強い南西風が予想され、暖湿気の活発な流入が確認できます。また、700hPa面の鉛直流分布では北陸に極大値82hPa/h、九州で58hPa/h、そして東シナ海には46hPa/hを含む強い上昇流域が予想されています。

　さらに、図4-3-14「850hPa風・相当温位12時間予想図」でも、西日本の地域は327Kの等相当温位線が北東方向に盛り上がり、南西からの暖湿気の流入が確認できます。これらの状態から、近畿から四国の陸地では暖湿な空気が山地の南斜面に吹き付け、対流活動が活発となることが推測されます。また、九州の南東海上や南西諸島付近は、風の収束域となっていることも読み取れます。

図 4-3-13　850hPa風・気温/700hPa鉛直流予想図

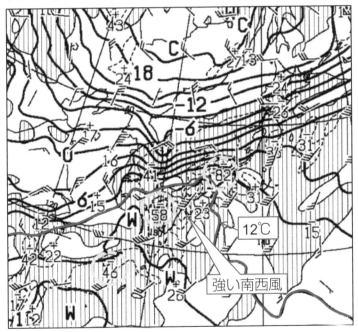

予想日時 5日 9時 (00UTC)

図 4-3-14　850hPa風・相当温位予想図

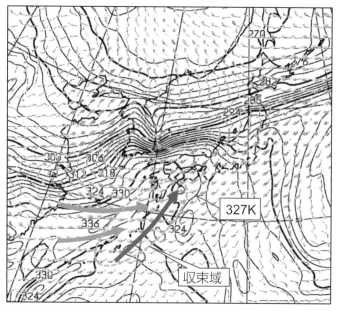

予想日時 5日9時（00UTC）

　図4-3-15の「地上気圧・風・12時間降水量予想図」で、4日21時から5日9時にかけ西日本から南西諸島には降水域が広がり、南西諸島の西には12時間降水量の極大値が25mm、九州南部は31mmと予想されています。これらの予想図から近畿、中国、四国の地域や南西諸島に拡がる雲域Aは、停滞前線の南方で南西からの活発な暖湿気の流入や下層空気の収束によって発生した活発な対流雲域と判断できます。

図 4-3-15　地上予想図の降水量予想

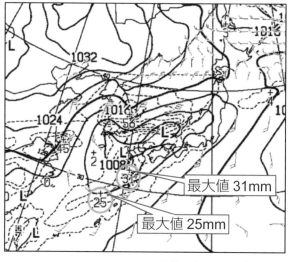

予想日時 5日9時（00UTC）

続いて、図4-3-16（a）は同日時の気象衛星水蒸気画像です。この画像から大気中の水蒸気の多寡分布が分かり、さらに水蒸気分布から上・中層の大気の流れを知ることができます。大陸上空に北西から南東方向に延びる水蒸気量の多い白色の領域①があり、この領域の北縁部にはバウンダリー（明域と暗域の境界）が南東方向に延びています。一方、別の白色の領域②が華中から朝鮮半島を通り、北東方向にオホーツク海南部に向かって拡がっています。領域②の北縁部も明瞭なバウンダリーとなっています。これらバウンダリーの走向と（b）図の300hPa面の風向を見ると、中国奥地から華北にかけては北西風、華南から朝鮮半島や沿海州、そして千島の東にかけては南西風の場となっていて、大気の流れとバウンダリーの走向が一致していることが確認できます。

図 4-3-16　水蒸気画像と大気の流れ

（a）水蒸気画像

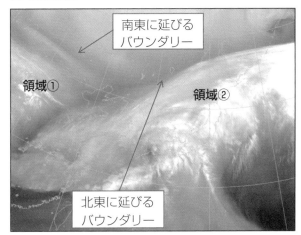

3月5日9時（00UTC）

（b）300hPa天気図の大気の流れ

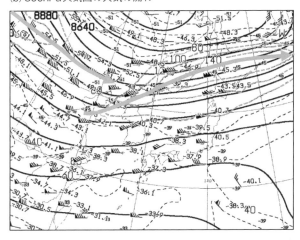

3月5日9時（00UTC）

3-5　ジェット気流に伴う雲域

　　ジェット気流軸周辺の上層雲の分布を見てみましょう。図4-3-17は「2-5 ジェット気流軸の把握」で説明した図4-2-27及び図4-2-28と同日の気象衛星画像です。

　　(a) 図の赤外画像で、ジェット気流軸に沿って長江中流から東シナ海、そして西日本を経て、関東の東海上に向かって東西に延びる細長い筋状の雲が確認されます。この雲域はジェット気流に伴って現れる「シーラスストリーク（ジェット巻雲）」と呼ばれる上層雲です。

■図■　4-3-17　気象衛星画像とジェット気流（12月5日12時（03UTC））

(a) 赤外画像

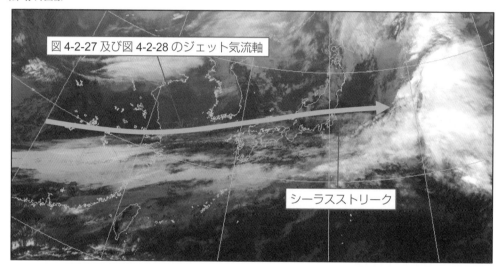

(b) 水蒸気画像

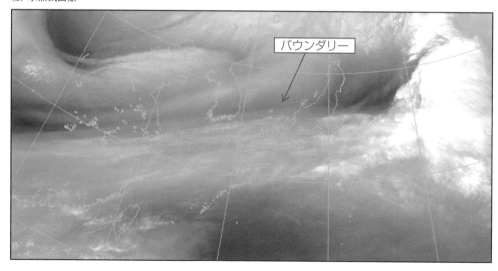

　　また、(b) 図の水蒸気画像ではジェット気流軸の位置を境に南側には白い区域が、北側には暗灰色の区域が広がり、2つの区域の境界（バウンダリー）が明瞭です。

ジェット気流が強まってくるとジェット気流軸の周りで鉛直循環が発生し、ジェット気流のすぐ北側は下降流となり、ジェット気流軸に沿って暗い領域が現れます。ジェット気流軸はバウンダリーと呼ばれる暗域と明域の境界の南側を走向しているので、水蒸気画像のバウンダリーからジェット気流の位置や変化を知ることができます。

　図4-3-18は断面方向から見たシーラスストリークの発生場所を表しています。

図　4-3-18　シーラスストリークの発生場所

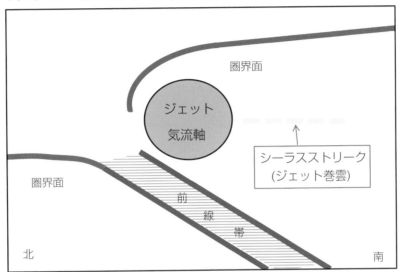

　また、図4-3-19は前述の天気図や衛星画像（12月5日）で東京上空にジェット気流軸が位置していた時、東京上空で見られた東西に延びるシーラスストリークです。東西に延びるこの巻雲の北側は雲が全くないクリアーな状態です。

図　4-3-19　シーラスストリーク（ジェット巻雲）

（西から東方を眺める。）

さらに、ジェット気流軸に沿って発生しているシーラスストリークの中で、雲の走向（東西の流れ）に直交する多数の雲列が見られることがあります。この雲列は「トランスバースライン」と呼ばれます。ジェット気流が速く、風の鉛直シアーが大きい時、力学的な不安定によって発生する波動に伴う雲です。このような雲が見られる時、ジェット気流付近では乱気流が発生しやすいと言われています。

図4-3-20 (a) の200hPa天気図で、大陸から朝鮮半島、日本海を経て東北地方を横切るジェット気流軸が解析されています。そして、(b) 図の気象衛星赤外画像ではジェット軸に沿って東西に延びるライン状の雲が観測されています。このライン状の雲の形状を注意して見ると、東西の流れに直交する多数の雲列が櫛の歯状に存在しているのが分かります。この雲列が「トランスバースライン」です。

図　4-3-20　ジェット気流とトランスバースライン（5月26日 9時（00UTC））

(a) 200hPa天気図上のジェット気流軸

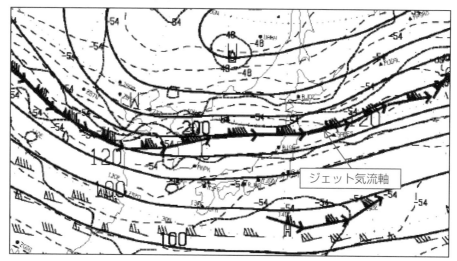

(b) 赤外画像上のトランスバースライン

悪天現象と気象図

　パイロットやディスパッチャーにとって、飛行の安全を確保する上で悪天現象の的確な予報は重要です。航空機の運航に影響を及ぼす悪天現象には、晴天下や雲中の乱気流や積乱雲のもたらす雷撃やダウンバースト、さらに霧などの視程障害現象が挙げられます。

　Chapater 1で説明していますが、これらの現象は空間的な広がりが小さく、寿命も短いミクロスケールの現象です。現在の気象技術では、それらミクロスケールの悪天現象を直接予報することは難しいとされています。

　飛行前のパイロットやディスパッチャーの気象確認作業では、気象機関から提供される各種悪天予想図などが使用されますが、この悪天予想図は悪天現象そのものを予報したものでなく、発生しやすいポテンシャル域を表現した天気図であることを理解し、使用していくことが大切です。

　このChapterでは、それら悪天予想図や各種気象図の利用法について説明しています。

1 空域の悪天現象

気象現象の階層構造で説明した通り、飛行に影響する悪天現象は個々に単独に発生するものではなく、より大きなスケールの現象の影響で引き起こされます。そこで、各種悪天予想図の悪天現象の盛衰や移動を考える場合は、大規模場の気圧配置や大気構造を背景において悪天現象を捉えることが大切です。

1-1 上空の寒気流入と対流雲

積乱雲は非常に強い上昇流や下降流、そして乱気流や雷撃、さらに雹などのさまざまな危険な現象を伴います。また、雲中だけでなく積乱雲の近くでも大気は大きく乱れていて、危険な状態に遭遇することがあります。このため、積乱雲の存在や発生が予想されている場合には、予めどのように回避するかを考えておくことが必要です。対流雲が発生、発達する大気の条件として「地表面の加熱、上空への寒気流入で大気成層の不安定度が高まること」、「下層大気が湿潤であること」が挙げられます。

図5-1-1は6月16日15時（06UTC）を予想した国内悪天予想図で、北関東には「雷電を伴う活発な対流雲による並の乱気流と着氷」が予想されています。左のREMARKS欄には「⑤ MOV S 10KT、（UCA,LCVG）」の表記があり、この対流雲域の発生要因は「上空寒気と下層収束」によるもので、対流雲域は南に10ktで移動することが予想されています。

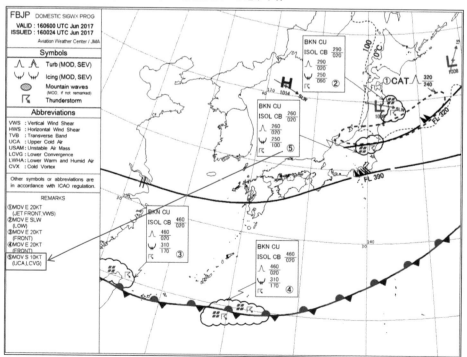

■ 図 ■ 5-1-1　16日15時（06UTC）に予想される悪天域

図5-1-2 (a) の9時の地上天気図で、秋田沖には東進中の1006hPaの小さな低気圧があり、北日本から東日本は気圧の谷の中にあります。(b) 図の500hPa高層天気図で日本上空は深い気圧の谷となっていて、北日本から東日本上空は−15℃以下の寒気に覆われています。この状況から、当日は上空に寒気が流入し、大気成層が不安定な状態で対流雲が発生、発達しやすいことが分かります。

図　5-1-2　地上の気圧場と500hPaの温度場6月16日9時（00UTC）

(a) 地上天気図

(b) 500hPa天気図

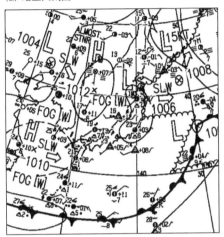
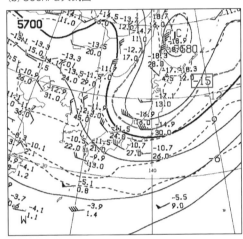

　北関東に予想されている活発な対流雲域は、関東や東北の上空を飛行する航空機にとって考慮すべき悪天現象です。図5-1-1の国内悪天予想図は6時間先の悪天域を6時間毎に発表していますが、図5-1-3の狭域悪天予想図は3、5、7、9時間先までを3時間毎に予報しているので、頻繁に詳細な情報を入手することができます。

図　5-1-3　狭域悪天予想図

（a）5時間先予想　予想日時16日14時　（初期時刻9時）

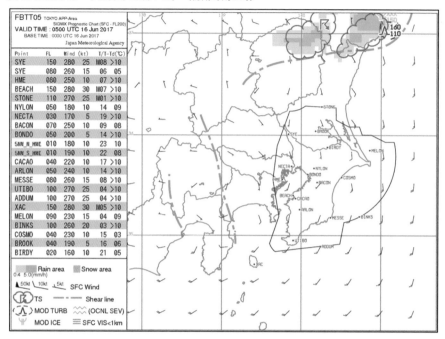

（b）3時間先予想　予想日時16日15時　（初期時刻12時）

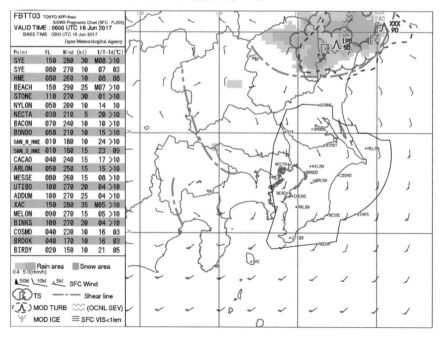

図5-1-3の（a）図は16日9時を初期値とする5時間先の14時を、（b）図は12時を初期値とする3時間先の15時の状態を予想しています。

図5-1-1で北関東に予想されている活発な対流雲域は、図5-1-3では緑色の降水域や発雷域として予想されていて、次第に南下していくことが確認できます。

飛行前の準備作業で、このような予想図から悪天域の移動や盛衰を追うことにより、飛行経路上のどの地点でどのような回避経路を選定すべきか、どの程度の迂回距離が必要かなどを予め計画することが可能です。さらに、予報の確度を判断する上で気象衛星画像や図5-1-4の気象レーダー観測で活発な対流雲エコーの存在や移動、その盛衰について確認することも大切です。

図 5-1-4　レーダーエコー域の変化

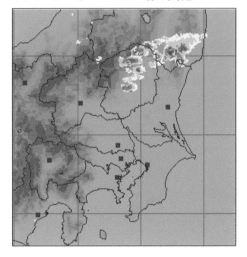
16日13時（04UTC）

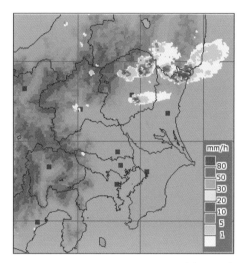
16日14時（05UTC）

図5-1-4のレーダー観測では、栃木県北部や福島県南部にエコー域が観測されています。そして、エコー域は次第に拡大しながら、南にゆっくり移動していて、予想図通りに変化していることが確認できます。図5-1-5は、当日15時から16時にかけて、北関東の対流雲付近を飛行中の羽田空港へ向かう航空機の飛行経路です。両機とも活発な対流雲域を西側、あるいは東側に大きく迂回しています。

（Flightradar24 を参考）

　旅客機は気象レーダーを搭載していて、目先の活発な対流雲の存在や変化を捉えることができるので、飛行中のパイロットにとって機上気象レーダーは活発な対流雲を回避する上で有効な機器です。しかし、飛行中のパイロットが操縦室で入手できる気象情報量には限界があります。一方、地上の運航管理部門は広域の対流雲の拡がりや動静に関する詳細な情報をタイムリーに入手できます。従って、地上の運航管理部門から飛行中のパイロットに対し、大局的な情報が的確に提供されれば、安全飛行の質をより高めることができます。

　続いて、図5-1-6は5月18日9時の地上天気図と15時（06UTC）を予想した国内悪天予想図です。当日の日本付近は移動性高気圧に覆われていて、東海から関東の上空に拡がるCAT域を除いて、活発な対流雲などを含む悪天域は予想されていません。

図 5-1-6　地上気圧配置と悪天予想域

(a) 地上天気図　5月18日9時 (00UTC)

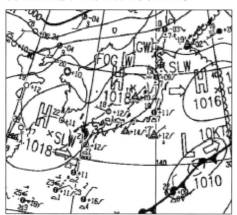

(b) 悪天予想図　予想日時18月15時 (06UTC)

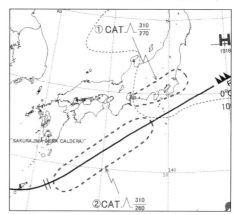

しかし、18日14時 (05UTC) を予想した図5-1-7の関東の狭域悪天予想図では、千葉県中・南部に降水域や発雷域が予想されていて、活発な対流雲が発生する可能性があります。

図 5-1-7　18日14時 (05UTC) を予想した狭域悪天予想図

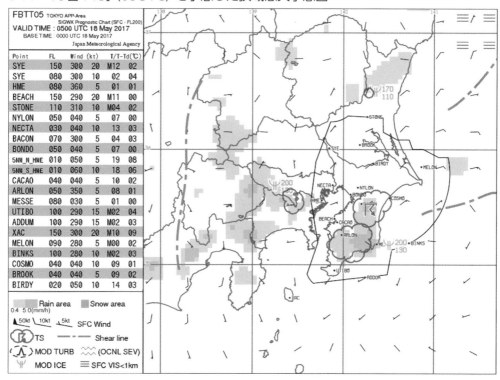

なお、18日の大気状態はChapter 4の3-2「上空の寒気と対流活動」で説明しているように日本付近は移動性高気圧に覆われていますが、図4-3-4のとおり上空500hPa面では−18℃

の寒気を伴う気圧の谷が東日本を通過し、不安定な大気成層となっています。気象衛星や気象レーダーの観測では、図4-3-3に見られるように、昼前から東日本の内陸部には活発な対流雲域が確認されていました。内陸部で発生した対流雲域は次第に東に移動し、図表5-1-1の気象観測報のとおり羽田空港では11時30分には積乱雲が観測され、13時過ぎには雷雨となっています。

図表 5-1-1　羽田空港の飛行場気象観測報

```
180200Z 10007KT 9999 FEW020 21/15 Q1014 NOSIG RMK 2CU020
        A2995
180230Z 12006KT 9999 FEW020 FEW030CB 21/15 Q1014 NOSIG
        RMK 2CU020 1CB030 A2995 CB NE
180300Z 11007KT 9999 SCT020 FEW030CB 21/15 Q1013 NOSIG
        RMK 3CU020 1CB030 A2994 CB W AND NE
180330Z 09007KT 9999 FEW020 FEW030CB SCT100 22/15 Q1013
        NOSIG RMK 2CU020 1CB030 3AC100 A2993 CB 30KM SW
        MOV E
180400Z 11005KT 9999 TS VCSH FEW020 FEW030CB SCT100
        22/14 Q1013 TEMPO FM0500 SHRA RMK 2CU020 CB030
        4AC100 A2993 FBL TS 20KM SW-W MOV E
180430Z 11005KT 9999 -TSRA FEW015 SCT020 FEW030CB BKN120
        21/14 Q1013 TEMPO 4000 TSRA BR
180449Z 15004KT 9999 TSRA FEW010 SCT020 FEW030CB BKN070
        21/14 Q1013 RMK 1CU010 3CU020 2CB030 5AC070
        A2992 5000W-NW MOD TS 5KM W-NW MOV E
180500Z 25003G13KT 9999 TSRA FEW010 SCT020 FEW030CB
        BKN060 20/16 Q1013 TEMPO 4000 TSRA BR RMK 1CU010
        3CU020 2CB030 6SC060 A2994 4500W-NW MOD TS OHD
        MOV E
180530Z 30007KT 230V310 9999 -SHRA FEW010 FEW030CB
        SCT040 BKN070 18/16 Q1013 BECMG 09010KT TEMPO
        TL0630 -TSRA
180600Z 04005KT 9999 -SHRA FEW010 FEW030CB SCT040 BKN070
        19/15 Q1013 BECMG 09010KT
```

　そして、15時の気象レーダー観測では、活発なエコー域が羽田空港を含む東京都東部から

千葉県中・南部に拡がっています。

図　5-1-8　15時のレーダーエコー

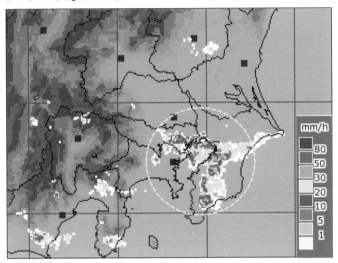

図5-1-9は14時頃の羽田空港へ着陸進入中の航空機の飛行経路です。東京都東部から千葉県中部に拡がる活発な雷雲域を回避するため、着陸機は進入経路を大きく変更しています。

図　5-1-9　羽田空港への着陸機

（Flightradar24を参考）

Chapter 1で「気象現象のスケール」について説明しましたが、国内悪天予想図 (FBJP) は水平方向の広がりが約200km以上の気象現象を対象としています。局地的に発生する小さなスケールの現象は表現することが困難です。しかし、狭域悪天予想図は国内悪天予想図より細かい格子間隔の数値予報モデルを使用しているので、小さなスケールの現象も表現されます。必要に応じてこの種の天気図も確認し、飛行に臨むことも大切です。また、積乱雲については前例と同じく、気象衛星や気象レーダー観測で小まめに現況を監視していくことが必要です。

1-2 寒冷前線付近の対流雲

1-2-1 アナ型寒冷前線

　暖気団より寒気団の方が優勢で、寒気が暖気を押しのけて進む前線が寒冷前線です。この前線では暖気の下に寒気がくさび状に潜り込み、暖気は寒気の上に押し上げられるので図5-1-10のような構造となります。このように寒冷前線面上の暖気が、寒気の上を滑昇する流れとなっている場合は「アナ型寒冷前線」と言います。

　前線の先端部は傾斜が急なので、気圧、気温、風の変化が明瞭に現れ、地上での寒冷前線の通過は容易に判断できます。

図　5-1-10　アナ型寒冷前線

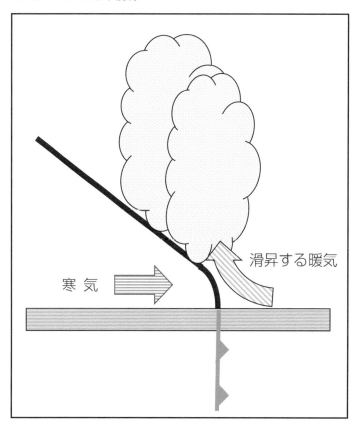

滑昇する暖気

寒　気

図5-1-11 (a) は3月8日9時 (00UTC) の地上天気図で、長崎付近には1008hPaの低気圧があって、寒冷前線が九州西部から南西諸島を経て台湾の東海上に延びています。前線に近い那覇や石垣は北西の風が吹き、しゅう雨が観測されています。

　(b) 図の850hPa天気図で福岡、鹿児島や奄美は南〜南西風が強く、暖気団内にあることが分かります。一方、石垣は北寄りの風が吹いていて、寒気団側に位置していると判断できます。(c) 図の気象衛星可視画像で、雲域は地上の寒冷前線付近から西側に向かって広がっています。そして、この雲域の表面は凹凸していることから対流性の雲であると判断されます。また、(d) 図の気象レーダー観測では、地上の寒冷前線付近に活発なエコー域がライン状に延びているのが分かります。

図　5-1-11　地上の寒冷前線付近に延びる雲域　3月8日9時 (00UTC)

(a) 地上天気図

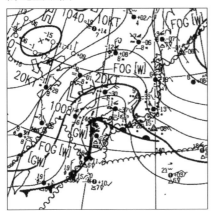

(b) 850hPa天気図

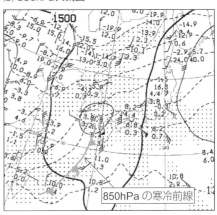

(c) 可視画像

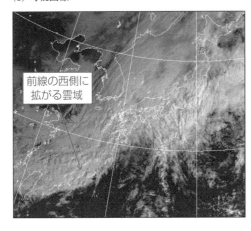

(d) レーダーエコー

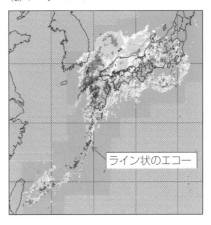

　6時間後の8日の15時 (06UTC) を予想した図5-1-12の国内悪天予想図で、低気圧は山口県西部に進み、寒冷前線は九州の太平洋沿岸部から南西諸島の東海上に移動する見込みです。そして、雷を伴う活発な対流雲列は寒冷前線に沿って南に延びる予想です。実際、図5-1-13

（a）の15時（06UTC）の地上天気図を見ると、寒冷前線は予想図通りに東進しています。さらに、（b）図から活発なレーダーエコー域が地上の寒冷前線に沿うようにライン状に延びているのが分かります。前線位置と雲域の位置関係から、この寒冷前線は図5-1-10のアナ型であると判断されます。

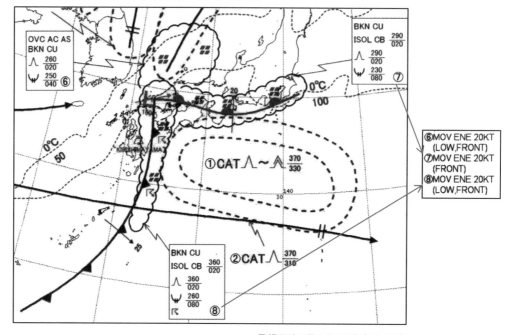

図 5-1-12　国内悪天予想図の前線と雲域の予想

予想日時3月8日15時（06UTC）

図 5-1-13　8日15時（06UTC）の地上寒冷前線とレーダーエコー

（a）地上天気図

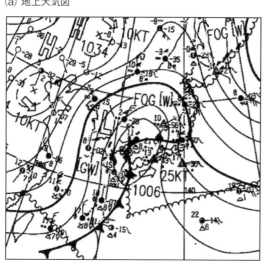

（b）レーダーエコー

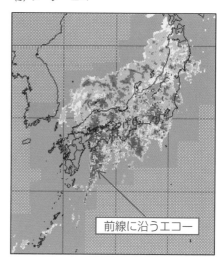

前線に沿うエコー

1-2-2 カタ型寒冷前線

　　上層及び中層の風が強く地上の寒冷前線の移動速度より大きい場合は、寒冷前線面の上にある空気が前線面に沿って吹き降りて来ます。この下降しながら流れて来る空気は次第に乾燥し、図5-1-14のように地上前線の前方で暖域内の湿潤空気と衝突して、対流雲による降雨帯を形成します。このタイプの寒冷前線は「カタ型」と呼ばれ、地上の寒冷前線に先行して暖気内に対流雲域が発生します。カタ型では暖気の滑降で下降流が発生して上昇流が抑えられるので、地上の寒冷前線が通過する時の風や気温、そして天気変化はアナ型に比べ弱くなります。

図 5-1-14　カタ 型寒冷前線

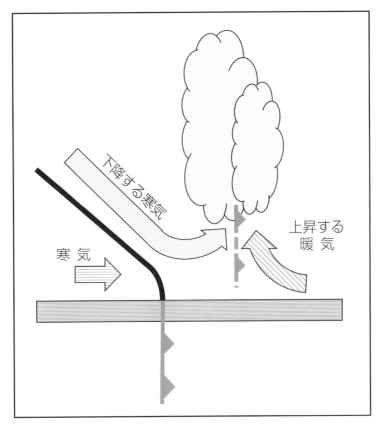

　　図5-1-15 (a) の11月15日9時 (00UTC) の地上天気図で、渡島半島の西と石巻市の東には1008hPaの低気圧があって、北東に進んでいます。石巻市の東の低気圧から南西に延びる寒冷前線は房総半島沿岸を通り、伊豆諸島を経て日本の南に達しています。同時刻の (b) 図の衛星赤外画像では、低気圧や前線に伴う白色の雲域が北日本から東日本を覆い、さらに日本の南に拡がっています。そして、伊豆諸島付近から日本の南海上にかけては、二つの帯状の白色の雲域 (A) と (B) が確認され、特に雲域 (B) は明るく輝く白色で、活発な対流雲が存在していると判断できます。

図 5-1-15　地上の寒冷前線と雲分布　11月15日9時 (00UTC)

(a) 地上天気図

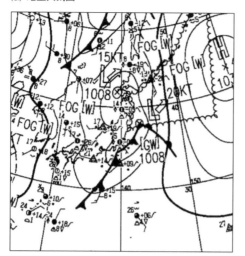

(b) 赤外画像

　同時刻の図5-1-16のレーダーエコー図では、関東の東海上から八丈島付近にかけて強いエコー域が南西方向に延びています。このエコー域は図5-1-15 (b) の衛星赤外画像の雲域 (B) に対応していて、地上の寒冷前線より前方 (東側) に位置しています。地上の寒冷前線と雲域の位置関係から、カタ型寒冷前線の可能性が考えられます。なお、同時刻9時を予想した図5-1-17の国内悪天予想図では、低気圧や前線の位置は図5-1-15 (a) の地上天気図とほぼ同じですが、活発な対流雲による悪天域は前線の前方に予想されています。このような寒冷前線域を飛行する場合には、前線位置を見誤らないことが大切です 。

図　5-1-16　レーダーエコー　11月15日9時 (00UTC)

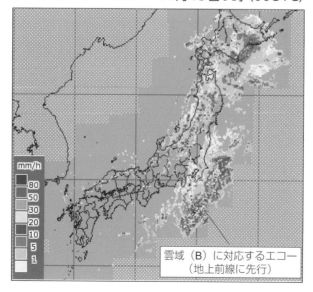

図 5-1-17　15日9時を予想した国内悪天予想図

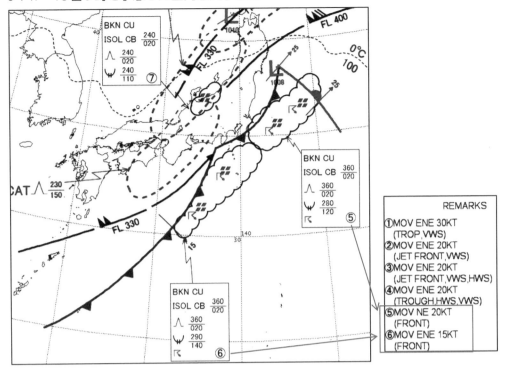

1-3　雲底付近の乱気流

　　乱気流は積乱雲や雄大積雲などの活発な対流雲内に見られる雲中乱気流や、晴天下で発生する晴天乱気流が一般的ですが、中層雲などの雲底付近で発生する乱気流もあります。図5-1-18の国内悪天予想図で、近畿東部から関東の東海上にかけて、スキャロップライン（波型）で囲まれた雲域に伴う悪天域が予想されています。この悪天域はOvercastのACやASの中層雲に伴う並の乱気流域で、発現高度11,000〜17,000ft間と予想されています。REMARKS欄には「③MOV E 20KT（BASE VWS）」とあり、ACやASの雲底付近に予想される乱気流と説明されています。

図 5-1-18　予想日時18日15時（06UTC）を予想した国内悪天予想図

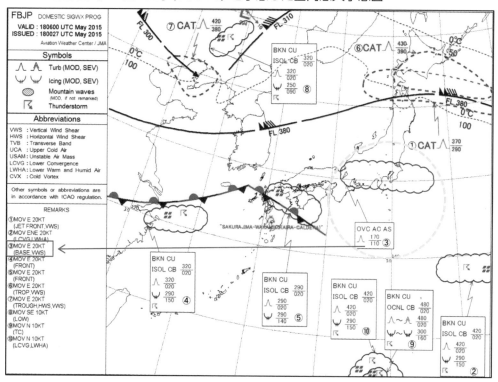

　この悪天域内の大気構造やどのような要因で乱気流が発生するかを考えてみましょう。このタイプの乱気流は、厚いACやASなどの中層雲があって、その下方の大気層が乾燥していて、中層雲から地上に達しない降水がある場合に発生します。そのような大気構造は温暖前線面上でしばしば形成され、大気状態を図示すると図5-1-19のような構造となります。前線の上に暖かく湿潤な空気があって中層雲が拡がり、前線面の下には冷たく乾燥した空気層が存在しています。つまり、前線帯という逆転層（安定層）を挟んで上空に雲域、下に乾燥域が拡がる大気構造です。この時、中層雲内で形成された固体の降水粒子（雪片）が落下してくると、下層の乾燥域の中で降水粒子は蒸発、昇華し、周りの空気から熱を奪い、周りの空気の気温が下がります。このため、(b) 図のように逆転層では鉛直方向の気温傾度が大きくなり、逆転層は強化されます。一方、逆転層の下方も気温が大きく下がり、場合によっては「超断熱層」という気温減率が乾燥断熱減率を超える気層が形成されます。超断熱層では上の空気が重く、下の空気が軽くなり、非常に不安定な状態となり「乾燥対流」と呼ばれる上下の空気の混合が起こります。この時、乱気流が発生します。なお、中層雲からの降水が雨粒の場合は落下速度が速くなるので、雲底下の空気は十分に冷却されず、上下の空気の対流が起こりにくいと考えられています。

図 5-1-19 雲底乱気流発生の仕組み

(a) 降水粒子の落下前

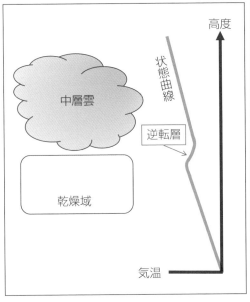

(b) 降水粒子の落下時

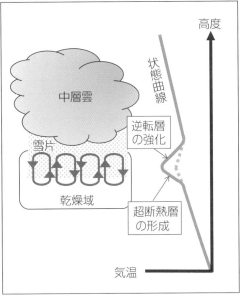

　ここで、図5-1-18の国内悪天予想図で予想されている雲底付近の乱気流域の雲分布を、気象衛星可視画像とレーダーエコーで確認してみましょう。悪天予想図の近畿東部から関東にかけて予想されている乱気流域には、可視画像で薄い灰色の雲域が拡がっています。しかし、気象レーダー観測ではエコー域は観測されていません。従って、この地域に広がる雲域は地上まで雨を降らせるような厚い雲域ではないと考えられます。

図 5-1-20 18日15時 (06UTC) の雲域分布

(a) 可視画像

(b) レーダーエコー

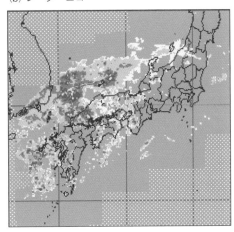

続いて、この乱気流域が拡がっている地域の大気構造を解析してみましょう。

図5-1-21は悪天域内に位置する航空自衛隊浜松基地（静岡県）の18日9時の高層気象観測データを表したエマグラムです。

図　5-1-21　浜松の18日9時（00UTC）のエマグラム

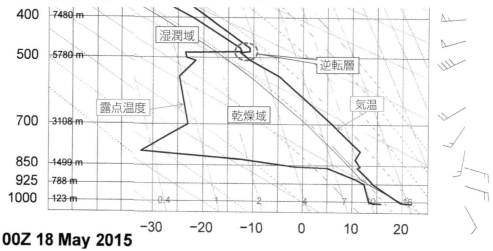

高さ850hPa面付近から500hPa面までの大気層は、気温と露点温度の差が10〜40℃位あって非常に乾燥しています。そして、この乾燥層の上端の500hPa面付近には、高さと共に気温が上昇する逆転層（安定層）が存在しています。この逆転層から上方は気温と露点温度の線が近接し、湿数が小さくなっていることから、中・上層雲が存在していることが分かります。このような気温や露点温度の鉛直分布は、図5-1-19で説明した大気構造と全く同じで、逆転層（安定層）の上に拡がる雲から降水粒子（雪片）が落下し、乾燥対流が発生しやすい構造となっています。

図5-1-18で予想されている乱気流の発現高度は11,000〜17,000ftで、同時刻を予想した図5-1-22の航空路予想断面図の近畿東部（OSAKAの右）から関東（TOKYO）上空の同高度帯には、等相当温位線の集中域が存在しています。このような等相当温位線の分布は前線帯の特徴を表し、九州中部に位置する地上の停滞前線が近畿東部から関東の上空に延びているものと考えられます。そして、この前線帯の上にはスキャロップライン（波型）で表示された湿数3℃未満の湿潤域が拡がっていて、中・上層雲の存在が予想されます。この構造から停滞前線面上に発生した雲域から落下する雪片が、雲底下の乾燥した寒気層内で昇華し、乾燥対流によって引き起こされる乱気流が予想されているものと判断されます。

図 5-1-22 航空路予想断面図上の雲底乱気流予想域

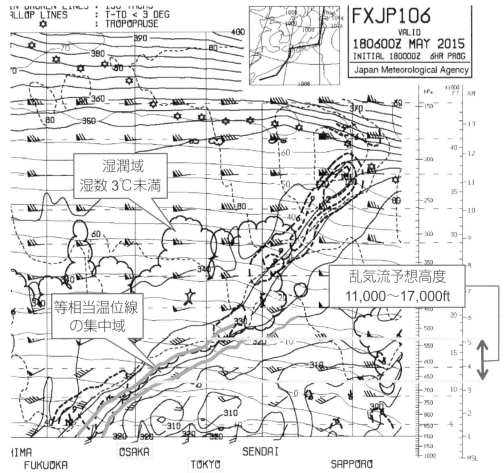

一般に地上の前線付近の活発な雲に注意が向かい勝ちですが、前線からはるか離れたところに見られる中層雲などの雲底下でも、乱気流の可能性があることを知っておくことは必要です。雲底から落下している降水粒子が雲の下方の乾燥域ですぐに蒸発して地上に達していない場合は、図5-1-23のような雲底から降水がすだれ状に垂れ下がる「尾流雲 (Virga)」と呼ばれる雲が見られます。上昇中や雲底下の飛行では、このような現象を視認することは可能です。しかし、上空から雲中を降下してくる場合はVirgaは視認できず、また機上気象レーダーで捉えることもできないので注意が必要です。

1-4 晴天乱気流（CAT）の発生域

1-4-1 鉛直断面から見たCAT域

晴天乱気流とは「肉眼で見ることのできる対流活動の中や、その周辺でない自由大気中に発生する全てのタービュランスで、対流活動によらない巻雲の中のものも含める」とThe National Committee for Clear Air Turbulence (1966) で定義されています。

この種の乱気流の発生域は、一部の巻雲やヘイズ層に特徴的な形状として現れることはありますが、機上気象レーダーでも乱気流の存在を探知することはできません。このため、飛行中に突然遭遇して、機体が大きく揺れて乗客や乗務員が負傷する事故が数多く発生しています。

なお、大気の乱れは渦として捉えることができ、晴天乱気流を引き起こす渦の大きさは大体10mから数百mで、また寿命も数分〜10分程度と言われています。このような小さなスケールの擾乱を正確に直接予報することは現在の技術では難しい状況です。しかし、晴天乱気流を引き起こす大気の渦が発生しやすい大気の領域については、ある程度の確かさで解明されています。その領域とは、ある高度で空気密度が不連続となり、そこで強いウィンドシアーが存在するところです。このような条件を満足する鉛直大気構造の領域は、図5-1-24のジェット気流軸の上方の圏界面や軸の極側、そして下方に延びる前線帯が該当します。これらの領域では晴天乱気流が発生する確率が高まります。

図 5-1-24 鉛直構造から見たCAT発生域

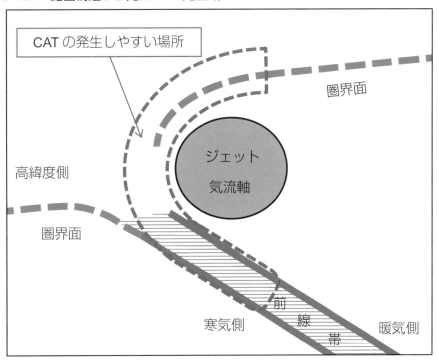

図5-1-25の国内悪天予想図で日本海中部から青森上空を横切り、日本のはるか東に延びるジェット気流軸を取り囲むように並の強さの晴天乱気流（CAT）域が予想されています。CAT域①は圏界面付近のFL340〜390高度帯に、CAT域②はジェット気流の下方に延びる前線帯のFL230〜320の高度帯に予想されています。

図　5-1-25　国内悪天予想図のCAT予想域

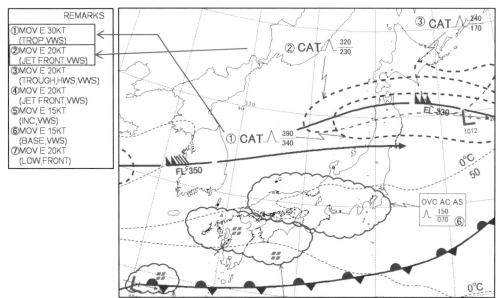

予想日時3月31日9時（00UTC）

　北日本上空に予想されたCAT域付近の大気構造を、図5-1-26の同時刻の高層断面図で確認してみましょう。AKITAやMISAWA上空の29,000〜38,000ft間の140ktの閉じた等風速線は、ジェット気流軸に対応します。圏界面を表す☆マークはAKITAで38,000ft、MISAWAで37,000ft、そしてSAPPORO上空では32,000Ft付近に表示され、北方ほど低くなっています。圏界面からその上方は100〜140ktの等風速線が混み、鉛直方向のウィンドシアーが大きいことが分かります。一方、ジェット気流軸の下方では等温線が折れ曲がり、等温位線も集中していることから、この領域は前線帯に対応しています。この前線帯内では40〜140ktの等風速線が集中し、同様に鉛直ウィンドシアーが大きいことが確認できます。

　また、同日時の図5-1-27の毎時大気解析図で、津軽海峡上空の高度FL330〜360付近の青色の150〜160ktの閉じた等風速線域はジェット気流軸に対応します。そして、この強風域の上空FL330〜390の高度帯には、6〜15kt/1,000ftの鉛直ウィンドシアー（VWS）が計算され、VWSを表す黄色の実線が集中しています。一方、強風域下方で等温線の傾斜の大きい領域として現れているのは前線帯で、同様に6〜12kt/1,000ftの顕著な鉛直ウィンドシアー域が拡がっています。そして、このウィンドシアー域は南に向かって高度が低くなっています。

図 5-1-26　高層鉛直断面図から見たCAT予想域の大気構造

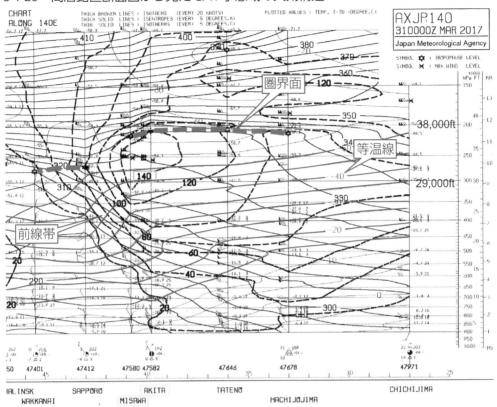

図 5-1-27　毎時大気解析図から見たCAT予想域の大気構造

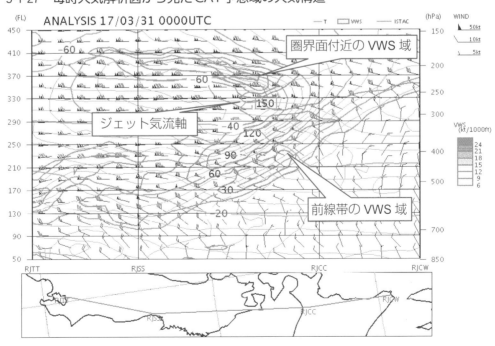

圏界面付近とジェット気流軸下方の前線帯に予想されるCAT域の立体的な模式図を描くと、図5-1-28のようになります。

図 5-1-28 ジェット気流軸付近のCAT域の立体的分布

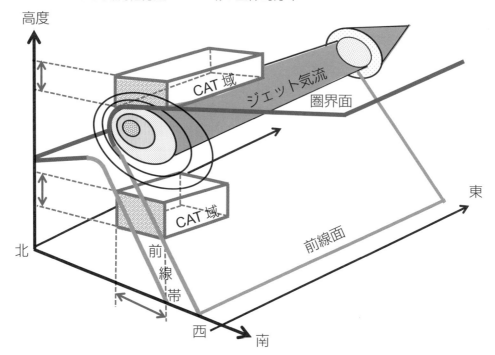

この図から読み取れるように、ジェット気流軸下方の前線帯は北側が高く、南側に向かって低くなっています。従って、前線帯に予想されるCAT域の場合、北側は発現高度の高い方で、南側ほど発現高度の低い高度帯で遭遇する恐れがあります。

また、高層断面図や航空路予想断面図で同じくらいの高さにある圏界面高度の記号を連ねると圏界面の分布が分かります。圏界面高度は前線帯ほどの大きな傾斜はないので圏界面付近に予想されたCAT域の場合、発現予想高度帯の全域で遭遇の可能性があります。しかし、北半球規模で見た場合は、低緯度側は高緯度側に比べ対流活動が活発で、また暖かい空気が存在しているので、圏界面高度は低緯度側が高緯度側に比べ高くなります。特に、圏界面の不連続部では圏界面高度の変化が大きくなっているので、このような場所では北側ほど低い高度帯でのCAT遭遇が心配されます。

このように悪天予想図に予想されたCAT域を考える場合、どのような大気構造の場所に発生が予想されたものであることを考えることによって、より限定してCAT域を把握することができます。

また、航空機には超過していけない速度が決められていますが、ジェット気流周辺の鉛直方向の風変化の大きい領域で、急激に向かい風が増加したり追い風が減少すると、この制限速度

を超えてしまう可能性があります。そのような状況下での対応が適切でないと、指定高度の逸脱や急激な機体の揺れを引き起こし、客室内での怪我人の発生につながります。鉛直方向で風の変化が大きな区域では、機体の速度変化にも注意が必要です。

1-4-2　水平面上のCAT域

　　晴天乱気流は、ジェット気流軸近傍の深い気圧の谷や気圧の尾根付近でも多く発生しています。図5-1-29の国内悪天予想図（FBJP）で、ジェット気流が北陸から東北にかけて南方に大きく湾曲しながら流れていて、東日本の上空は深い気圧の谷の中に位置しています。この地域にはえんじ色の破線で囲ったCAT域が予想されていて、乱気流の強度は並、予想発現高度は33,000〜40,000ftとなっています。さらに、左側のREMARKS欄の③には「MOV E 20KT TROUGH HWS VWS」とあり、気圧の谷に予想されたCAT域であることが分かります。

図 5-1-29　気圧の谷近傍のCAT予想域

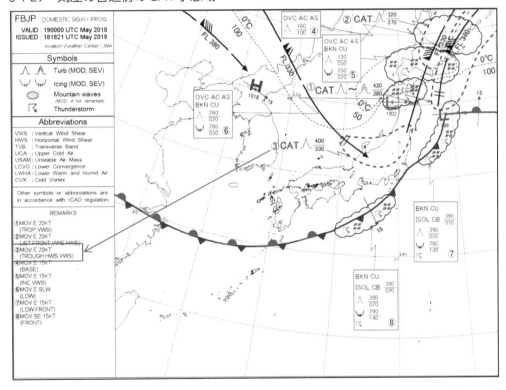

予想日時5月19日9時（00UTC）

　　同日時の図5-1-30の200hPa高層天気図で、日本付近は深い気圧の谷の中にあります。そして、この気圧の谷を取り巻くようにジェット気流が日本海西部から近畿まで南東進し、その後は北北東方向に向きを変えて、三陸沖を経て北海道の東海上に流れています。同時刻の図5-1-31の衛星水蒸気画像では、このジェット気流軸に沿うように北陸から関東を経て、東北に

延びる暗域（暗い部分）が見られます。暗域は大気の沈降場を表し、上層や中層の寒気移流域に対応します。このような領域は寒気移流で、バウンダリーに沿って水平方向の温度勾配が大きくなります。このため、「温度風の関係」から鉛直ウィンドシアーが増大し、CATが発生するとの指摘もあります。図5-1-29の国内悪天予想図の東日本に予想されるCAT域は、このような気圧の谷の底部の暗域に対応しています。

図　5-1-30　200hPa天気図のジェット気流軸

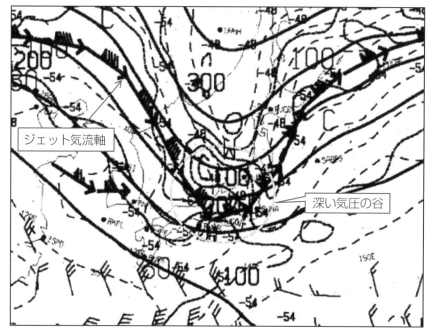

5月19日9時（00UTC）

図　5-1-31　水蒸気画像の暗域の移動

(a) 5月19日9時（00UTC）

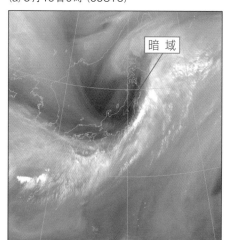

(b) 19日12時（03UTC）

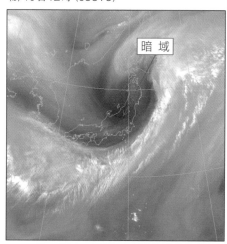

この暗域が時間と共に暗くなる領域は、CATが発生しやすいことが指摘されているので、気象衛星水蒸気画像で暗域を追跡監視することで、CAT発生の可能性の高い領域を把握するのに役立ちます。

図5-1-32の14時 (05UTC) の国内悪天実況図 (UBJP) には、"乱気流遭遇のPilot Report"が佐渡付近から関東の東海上に表示されています。この領域には発達した雲域が見られないことから、これらの乱気流遭遇の通報は、国内悪天予想図で予想された気圧の谷に関連するCATによるものと推察され、当該CAT域は予想図通り東に移動していることが確認できます。

図 5-1-32　国内悪天実況図 (UBJP) の乱気流報告

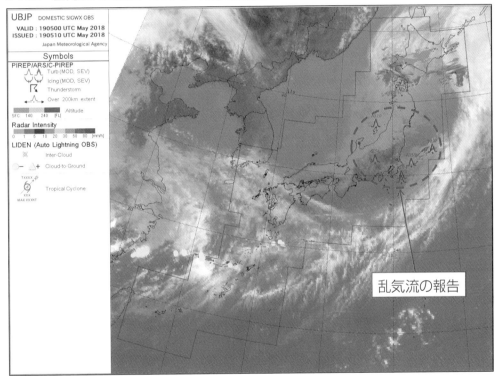

19日14時 (05UTC)

1-4-3　山岳波の上方伝搬によるCAT域

山岳波 (MTW：Mountain Wave) は、強い風が山脈を越える場合に山脈の風下側で発生する大気の波動で、航空機に影響を与える乱気流成因の一つです。中・下層の強風が山脈の走向に対して直交するような風向で吹いていて、山頂付近に逆転層 (安定層) が存在する場合に発生しやすくなります。

一般に、山岳波は安定層の高度で抑えられ、山岳波による乱気流は風下側の山頂高度から下方で発生することが多く、図5-1-33の国内悪天予想図では「楕円形の山岳波の記号と発現の上限と下限高度」が表示されています。一方で山岳波が安定層よりも上方に伝搬して、山頂よ

り高い高度でも乱気流が発生することもあります。この場合はCAT域として予報されます。

　このタイプの乱気流は気圧の谷が通過した後、上空に弱風域（概ね30kt以下の領域）が存在すると発生し易いことが知られています。山岳波は波の動く速度と周辺の気流との速度差が小さい高度では、波が変形して形が崩れ（砕波と言う）、波の上下方向への運動が乱れに変化する性質があります。

　図5-1-33の24日15時と21時を予想した国内悪天予想図で、東北の太平洋側の下層には山岳波が高度2,000〜10,000ftに予想されています。この山岳波と重なるように、15時の予想で東北南部から関東地方北部の上空10,000〜20,000ftの高度帯に強度（並）のCAT域、21時の予想では区域がやや広がり、10,000〜24,000ftの高度帯に強度（並〜強）のCAT域が予想されています。REMARKS欄の解説で、これらCAT域の成因は山岳波（MTW）によるものであることが説明されています。

図 5-1-33　国内悪天予想図の山岳波予想域

(a) 予想日時24日15時（06UTC）

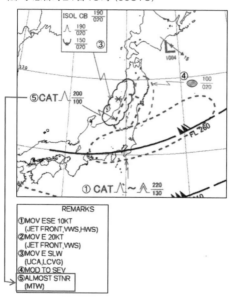

(b) 予想日時24日21時（12UTC）

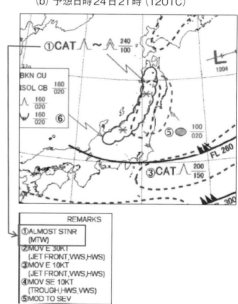

　山岳波が上方に伝搬して発生する乱気流の場合、山岳波の楕円形の記号ではなくCAT域として表示されます。さらに、山岳波によるCAT域は山脈の上空から殆ど動かないので、REMARKS欄では「ALMOST STNR（ほぼ停滞）」と表記されます。

　この山岳波に起因するCAT予想域を図5-1-34の航空路予想断面図から見ると、予想域の10,000〜20,000ftの高度帯は下層より風が弱く、顕著な鉛直ウィンドシアーは見られません。ジェット気流付近のCAT域は、1-4-1や1-4-2で説明したとおり鉛直ウィンドシアーの大きい領域で発生の可能性が高くなりますが、山岳波の上方伝播による乱気流は、風が弱く鉛直

ウィンドシアーが小さくても発生するため注意が必要です。

図 5-1-34 山岳波予想域と風

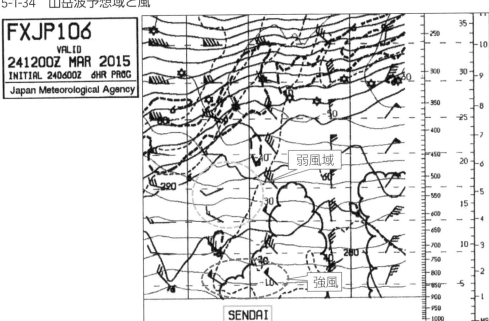

また、山岳波が上方に伝搬し砕波が発生する場合、その下方の地上風が急激に強まることも知られています。山岳波予想域内にある仙台空港の図5-1-2の飛行場気象観測報では、ガストを伴う北西の強風が観測されています。

図表 5-1-2 仙台空港(RJSS)の飛行場気象観測報

```
232300Z 29012KT 9999 FEW015 04/M03 Q1013
240000Z 28016KT 9999 FEW020 06/M04 Q1013
240100Z 28024G37KT 9999 VCSH FEW020 07/M02 Q1013
240200Z 29027G37KT 9999 -SHRA FEW020 BKN040 08/M02 Q1014
240300Z 28020G40KT 9999 VCSH FEW020 BKN040 09/M01 Q1013
240400Z 29028G42KT 9999 VCSH FEW020 SCT040 09/M03 Q1013
240500Z 29022KT 9999 FEW020 SCT040 09/M02 Q1014
240600Z 28021G35KT 9999 FEW020 SCT040 08/M03 Q1014
240700Z 31018KT 9999 FEW020 SCT040 06/M03 Q1016
240800Z 29022G32KT 9999 FEW020 06/M05 Q1016
```

2 離着陸時の低高度の悪天

　離着陸時、霧、降雪や強雨で滑走路が視認し辛い時、あるいは横風が強い場合は離着陸は困難を伴います。また、着陸経路や離陸経路で急激な風の変化に遭遇すると、致命的な事故につながる恐れもあります。このように視程や大気現象、風は離着陸時に考慮すべき重要な気象要素です。これらの気象要素は飛行場内やその周辺地域の地形や地表面などの影響を大きく受けるので、気圧配置から見た大規模な大気場によるものとはかなり異なることがあります。そのような場合、単に地形特性として片づけるのではなく、どのような大気構造や条件でそれらの気象現象が発生しているかを理解しておくことは、飛行の安全上で極めて重要です。

2-1　飛行場気象通報式から読み取る大気状態

　着陸前には目的地飛行場の最新の気象情報の入手が必要です。飛行場は航空気象通報式METARやSPECIで、飛行場内やその周辺、さらに視界内で発生している気象現象について通報しています。

　図5-2-1は6月22日の地上天気図で、梅雨前線が日本の東海上から西日本を横断して、東シナ海北部から華中に延びています。九州北部は前線に近く、福岡空港は図表5-2-1の通り低い層雲 (St) に覆われ、強いしゅう雨 (＋SHRA 瞬間強度15mm/h以上) が観測されています。

図　5-2-1　6月22日9時 (00UTC) の地上気圧配置

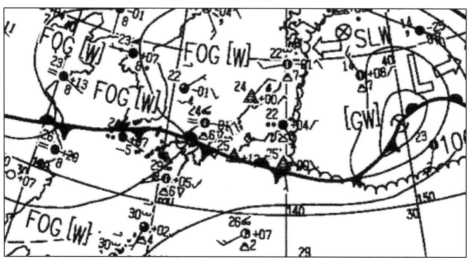

図表　5-2-1 福岡空港(RJFF)の飛行場気象観測報

```
212107Z 34004KT 290V030 3000 R16/1100VP1800D +SHRA BR
        FEW002 SCT005 BKN008 23/21 Q1006 RMK 1ST002
        3ST005 5ST008 A2972
```

雲形は層雲（ST）と通報されていますが、しゅう雨性降水は一般に対流性の雲から降ります。しかも、強いしゅう雨（+SHRA）であることから、飛行場近隣には活発な対流雲が発生していることが想像できます。

この観測時間に近い図5-2-2の6時の気象衛星赤外画像では、東シナ海から西日本に延びる輝く明白色の雲域が観測されていて、雲頂高度の高い雲が九州を覆っています。なお、この雲域は地上天気図上の梅雨前線に沿って発生しています。

さらに、気象レーダー観測では九州北西部には降雨強度50mm/h以上の赤色の強いエコー域が観測され、福岡県や長崎県、そして熊本県北部にわたる広い範囲に非常に発達した積乱雲域が存在していることが分かります。この状況から＋SHRAの通報は一過性の降雨ではなく、前線付近の広範囲に広がる対流雲域と関連していて、短時間では終息しないことは明らかです。このように気象観測報で通報されている気象現象が、どのようなスケールの現象と関連しているかの視点で読み取ることは、気象現象の今後の盛衰や移動を予想する上で極めて大切です。

図　5-2-2　衛星赤外画像とレーダーエコーの活発な雲域

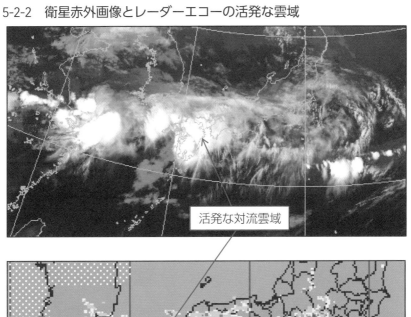

活発な対流雲域

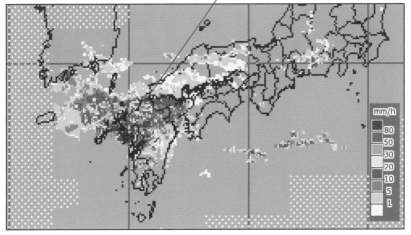

mm/h
80
50
30
20
10
5
1

6月22日6時（21日21UTC）

2-2　寒冷前線通過と気象変化

　　前線は性質の異なる2つの空気の境界なので、前線通過に伴って風や気温、湿度などの気象要素が大きく変化します。一般に寒冷前線が通過すると、南寄りの風から北〜北西の風に変わり、北からの寒気が運ばれてくるので気温が下がります。

　　図5-2-3の地上天気図で、27日3時にサハリン南部にある低気圧から日本海に延びる寒冷前線は低気圧の北上と共に東に進み、9時には北海道を縦断して秋田沖から能登半島を経て山陰沿岸部に延びています。

　　図表5-2-2飛行場気象観測報で、新潟空報（RJSN）は8時25分（26日2325Z）までは南寄りの風が吹いていましたが、2分後の8時27分に西寄りの風となり、08時36分には北西風に変わりました。なお、この時間帯に雷雨が観測されています。また、小松空港（RJNK）では9時まで南寄り10kt未満の風が吹いていましたが、10時には北風に変わり、気温が下がりました。その後は北〜北西の20kt近い風が続いています。

　　図5-2-3の地上天気図の前線位置と図表5-2-2の両空港の飛行場の気象観測報から、寒冷前線が新潟空港は8時30分頃に通過し、小松空港では9時から10時の間に通過したと判断できます。寒冷前線通過後は、両空港とも20kt未満の安定した北西風が吹いています。

図　5-2-3　地上天気図から見た寒冷前線の移動

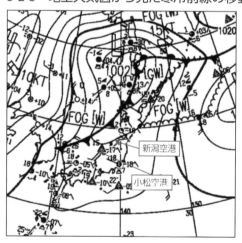 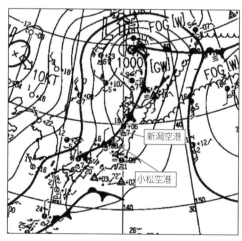

　10月27日3時（26日18UTC）　　　　　　　　10月27日9時（00UTC）

```
RJSN
262317Z 19009KT 7000 TSRA FEW015 SCT020 SCT030CB BKN035
        16/13 Q1010
262325Z 19011KT 160V230 9999 -TSRA FEW015 SCT020
        SCT030CB BKN050 16/14 Q1011
262327Z 25010KT 3000 +TSRA FEW015 SCT020 BKN030CB 16/14
        Q1011
262330Z 26010KT 230V310 2000 R28/1200VP1800D +TSRA
        FEW010 SCT015 BKN030CB 15/14 Q1012
262336Z 29012KT 4000 R28/1200VP1800U TSRA FEW010 SCT015
        BKN030CB 16/15 Q1012
262340Z 30013KT 260V320 5000 R28/1300VP1800U -SHRA
        FEW010 SCT015 FEW030CB BKN040 17/15 Q1012
270000Z 32016KT 8000 VCSH FEW015 SCT050 BKN060 17/14
        Q1012
270100Z 33014KT 9999 FEW015 BKN030 17/13 Q1012
270200Z 33019KT 9999 VCSH FEW020 SCT030 BKN040 16/11
        Q1012
270300Z 33017KT 9999 -SHRA FEW020 SCT025 BKN030 16/10
        Q1012


RJNK
262200Z 18005KT 9999 FEW010 SCT030CB 17/14 Q1014
262300Z 22006KT 9999 FEW020 SCT030 BKN050 20/16 Q1014
270000Z 21008KT 140V230 9999 FEW020 FEW030TCU SCT050
        21/16 Q1014
270100Z 36012KT 320V030 9999 -SHRA SCT008 BKN015 BKN030
        SCT030CB 18/16 Q1014 REFC
270200Z 35018KT 8000 -SHRA FEW008 BKN015 BKN030 17/14
        Q1015
270300Z 34017KT 9000 -SHRA FEW008 SCT015 BKN030 16/12
        Q1016
```

その後の寒冷前線の移動を追ってみましょう。図5-2-4は10月27日9時（00UTC）を初期

値とした「地上気圧・海上風・降水量」、「850hPa気温・風/700hPa鉛直流」と「850hPa風・相当温位」の12時間予想図で、27日21時 (12UTC) の状態を予想しています。

■図■ 5-2-4　予想日時27日21時 (12UTC) の地上と上空の前線位置

（a）地上気圧・海上風・降水量予想図

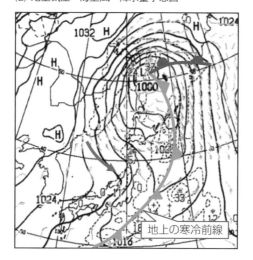

（b）850hPa気温・風/700hPa鉛直流予想図

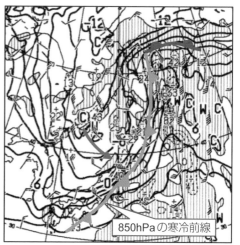

（c）850hPa風・相当温位予想図

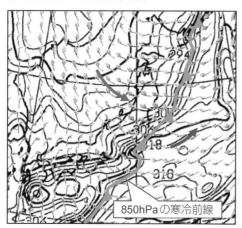

　Chapter 3で説明した前線解析に基づいて、27日21時の地上及び850hPa面の前線位置を決定すると、図5-2-4の各予想図上に描画した位置となります。図5-2-3から図5-2-4 (a)への変化を見ると、地上の寒冷前線は日中に本州を横断して、夜には日本の東海上に移動する予想です。この移動から推測すると、寒冷前線は夕方頃に関東付近を通過していくと判断されます。

```
270630Z 17009KT 120V200 9999 FEW030 BKN/// 22/16 Q1007
        NOSIG RMK 1CU030 A2974
270700Z 20005KT 130V240 9999 FEW030 BKN/// 22/16 Q1007
270730Z 27006KT 9999 FEW030 SCT/// 22/15 Q1007
270800Z 27005KT 9999 FEW030 21/15 Q1008
270830Z 30006KT 9999 FEW040 21/15 Q1008
270900Z 34018KT 9999 FEW040 21/10 Q1009
270902Z 34017G27KT 9999 FEW040 21/10 Q1009
270930Z 34020KT 9999 FEW040 20/08 Q1009 TEMPO 34023G33KT
        RMK 1SC040 A2981
270931Z 34021G31KT 9999 FEW040 20/08 Q1009 RMK 1SC040
        A2981
271000Z 34019KT 9999 FEW040 20/08 Q1010 TEMPO 34026G36KT
271025Z 34019G29KT 9999 FEW040 19/08 Q1010 RMK 1SC040
        A2984
271030Z 34018KT 9999 FEW040 19/08 Q1010 TEMPO 34026G36KT
        RMK 1SC040 A2984
271041Z 34019G31KT 9999 FEW040 19/08 Q1010 RMK 1SC040
        A2985
271100Z 34023KT 9999 FEW040 19/07 Q1011 TEMPO 34026G36KT
        RMK 1SC040 A2985
271106Z 35022G32KT 9999 FEW040 19/08 Q1011 RMK 1SC040
        A2986
271130Z 35025KT 9999 FEW040 SCT080 18/07 Q1011 TEMPO
        34026G36KT RMK 1SC040 3AC080 A2987
271200Z 36020KT 9999 FEW040 18/07 Q1012 TEMPO 34026G36KT
        RMK 1SC040 A2988
271207Z 35022G32KT 9999 FEW040 17/07 Q1012 RMK 1SC040
        A2989
271230Z 35021G31KT 9999 FEW040 17/07 Q1012 NOSIG RMK
        1SC040 A2989 MOD TURB OBS AT 1229Z 10NM S CAMEL
        4000FT BY B738
```

羽田空港 (RJTT) の気象変化を図表5-2-3で追うと、16時 (07UTC) までは南寄りの風ですが、16時30分 (0730UTC) に西風となり、さらに17時30分 (0830UTC) には北西風に変わりました。また、気温が下がり、気圧が上昇していることから、寒冷前線は16時30分過ぎに羽田空港付近を通過したと判断できます。この前線通過のタイミングは、図5-2-4の予想天気図上の前線移動の予想と一致します。そして、18時 (09UTC) 頃から北西風が強まり、さらに約30ktの最大瞬間風速が観測されました。また、露点温度が一気に5〜7℃下がり、北からの乾燥した空気が流れ込んで来たことが分かります。

図表5-2-2と5-2-3から確認された通り、3空港とも寒冷前線の通過後は北西風に変わり、風速が強まっています。そして、羽田空港では地上の寒冷前線が通過してから約1時間半経過後に、30ktを超えるガストを伴う強い北西風が吹き始め、その後数時間継続しています。このように寒冷前線が通過して風向が北西に変化しても、風の強まりには地域によって違いが見られます。ある地点に西から寒冷前線が近づき通過していく場合、西側に山岳地帯が位置する地域では、山岳の影響で寒冷前線後方の寒気の流れが堰き止められ、北西風はすぐに強まらず、前線が通過して数時間後に北西風が強まることがあります。このため、寒冷前線通過後に直ぐに北西風の強まりが見られなくても、遅れて北西風が強まる可能性を考えて気象観測報を読み取ることも大切です。なお、関東地方では前線が南下していく時、850hPaの相当温位が緯度2.5度で18K以上であると明瞭な形で前線が通過するとの指摘もあり、急な風の変化の可能性もあるので注意が必要です。

2-3　持続する霧

霧の発生に都合の良い条件は、①湿度が高いこと、②大気中に十分な凝結核があること、③全く無風ではなく弱い風があること、④地表付近の気層が安定なこと、そして⑤なんらかの冷却作用があることです。

特に、動きの遅い温暖前線や停滞前線の寒気側では、降水が続くと霧が発生して持続しやすくなります。雨粒や霧雨粒は空気中を落下する途中や地面に達した後、蒸発して下層寒気内の水蒸気量を増加させます。すると、下層の空気は飽和に達し、さらに地表面が十分に冷たければ過飽和となり、霧が発生します。同じ場所で降水が続くと、下層寒気内にはさらに多くの水蒸気量が供給され、前線付近の霧は広範囲に広がり濃霧となります。

図5-2-5の地上天気図で、関東の東から西日本、そして東シナ海には前線が停滞していて、前線付近では降水が観測されています。

図 5-2-5　地上の停滞前線と降水域

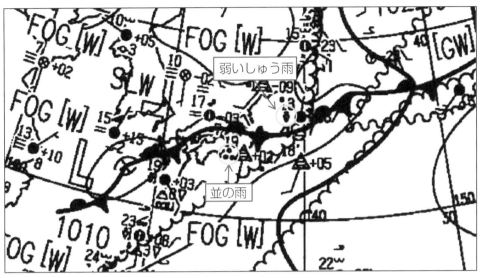

4月8日9時（00UTC）

　また、図5-2-6の気象レーダー観測では、東日本から西日本の太平洋沿岸部や沖合にはエコー域が拡がっています。

図 5-2-6　レーダーエコー分布

4月8日9時（00UTC）

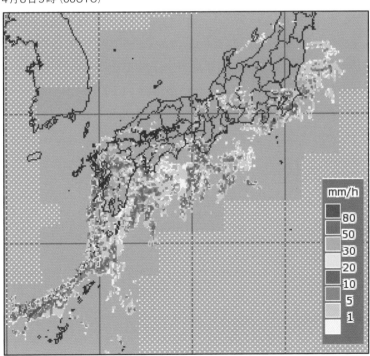

前線に近い神戸空港 (RJBE) や関西国際空港 (RJBB) は、図表5-2-4の通り低い雲に覆われて雨が続いています。さらに霧も発生し、視程不良の状態です。

図表 5-2-4　神戸空港 (RJBE) と関西国際空港 (RJBB) の飛行場気象観測報

```
RJBE
072200Z 16006KT 0500 R09/0700V1800U -RA FG FEW001 BKN003
        17/17 Q10125
072300Z 12004KT 1500 R09/0650V1300D -SHRA BR FEW002
        BKN003 17/17 Q1012
080000Z 00000KT 0500 R09/1100D -SHRA FG FEW000 SCT001
        BKN002 17/17 Q1012
080100Z 14003KT 0500 R09/0250V0350N -RA FG SCT001 BKN002
        BKN003 17/17 Q1012
080200Z 29003KT 1500 R09/P1800N FG FEW002 SCT003 BKN007
        17/17 Q1012


RJBB
072300Z 22005KT 1200 R06R/P2000N R06L/1000VP2000D -SHRA
        PRFG BR FEW001 BKN003 BKN008 17/17 Q1012 TEMPO
        0300 -SHRA FG
080000Z 23007KT 200V270 4500 R24L/P2000N R24R/P2000N
        -SHRA BCFG BR FEW001 SCT003 BKN006 17/17 Q1012
        TEMPO 0700 -SHRA FG
080030Z 29002KT 0800 R24L/P2000N R24R/0300N -SHRA FG
        FEW000 SCT003 BKN005 17/17 Q1012 NOSIG
080100Z 26004KT 0700 R24L/P2000N R24R/0450N FG VCSH
        FEW000 BKN004 BKN010 18/18 Q1012 NOSIG
```

　両空港の今後の雨や霧の予報を考えてみましょう。8日15時 (06UTC) を予想した図5-2-7の国内悪天予想図で前線の動きは殆どなく、前線は引き続き近畿から瀬戸内を経て九州中南部に停滞する予想です。なお、この天気図には広範囲に広がる霧域は予想されていません。

図 5-2-7　国内悪天予想天気図の前線位置

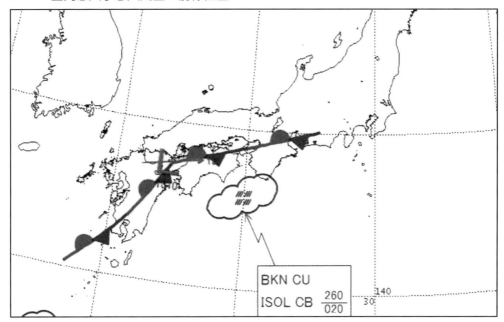

予想日時4月8日15時（06UTC）

　さらに、図5-2-8の西日本域の下層悪天予想図（FBOS03、06）の左図では、紀伊半島から四国の太平洋側や沖合、そして九州中南部にかけて降水域が予想されています。この降水域は図5-2-6のレーダーエコー域がゆっくりと東進してきたものと判断でき、近畿南部や四国では降水が継続すると予想されます。また、右図で大阪湾や瀬戸内海東部の海域には、視程5km以下の領域が予想されていて、視程が悪い状態です。

　続いて、図5-2-9の狭域悪天予想図（FBBB03、05、07）を見てみましょう。
予想時刻12時（03UTC）、14時（05UTC）と16時（07UTC）には、図5-2-8の下層悪天予想図と同様に紀伊半島や四国の太平洋側に降水域が予想されています。さらに、神戸空港や関西国際空港沖の海上には視程1km未満を表す≡が表示されています。

　これらの気象資料から近畿から瀬戸内海に停滞する前線の動きは殆どなく、現状と同じく紀伊半島や四国の太平洋側や沖合を中心に、広範囲に雨が降り続くことが予想されます。

図 5-2-8 下層悪天予想図（西日本区域）

（a）予想日時8日12時

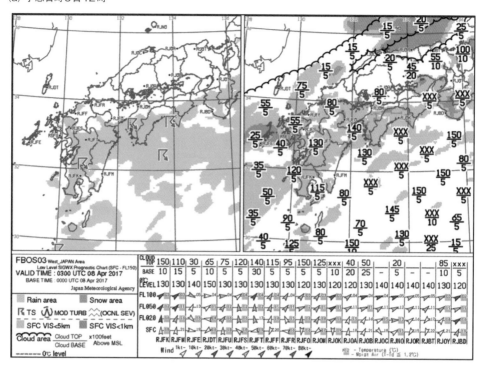

（b）予想日時8日15時（06UTC）

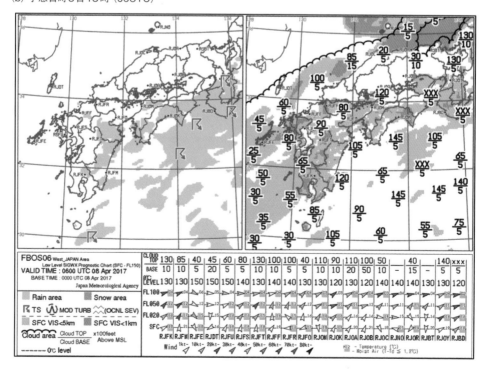

図 5-2-9 狭域悪天予想図（FBBB関西進入管制区及びその周辺域）

(a) 予想日時 8 日 12 時 (03UTC)

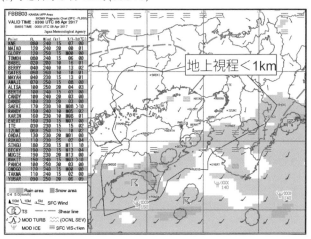

(b) 予想日時 8 日 14 時 (05UTC)

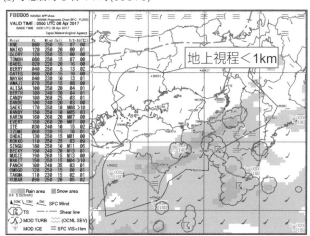

(c) 予想日時 8 日 16 時 (07UTC)

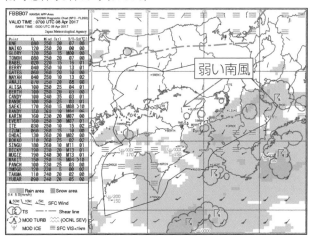

そして、図表5-2-5の飛行場予報（TAF）から、関西国際空港では南南西の風10kt未満と弱く、下層雲に覆われて弱い雨が終日続く見込みです。そして、午前中は霧が時々発生し、視程は700mまで低下する時間帯もあります。昼過ぎには視程7kmまで回復しますが、夜は再び霧の発生が予報されています。

図表 5-2-5　関西国際空港（RJBB）の飛行場予報

```
TAF RJBB 072313Z 0800/0906 21008KT 1500 -SHRA BR FEW001
               SCT005 BKN008
          TEMPO 0800/0803 0700 -SHRA FG FEW000 SCT001
               BKN003
          BECMG 0803/0805 7000 -SHRA FEW005 SCT010
               BKN020
          TEMPO 0812/0821 1500 -SHRA BR BCFG FEW000
               SCT001 BKN003
          BECMG 0815/0818 36005KT
```

　これらの気象資料から、関西国際空港や神戸空港付近は終日低い雲に覆われ、弱い雨が断続的に降り続くこと分かります。両空港とも停滞前線の寒気側の安定な気層内に位置していて、風が弱く湿潤な状態が継続することから、霧やもやなどの視程障害が持続しやすい大気状態にあると考えられます。さらに、下層悪天予想図や狭域悪天予想図で両空港の沖合の海上には地上視程1km未満の領域が予想されていて、この地域の風は陸地に向かう弱い南寄りの風あることから、海上で発生した霧が何時でも空港内に侵入する可能性は高いと考えられます。

　図表5-2-6で当日午後の神戸空港の気象変化を追うと、雨や霧は昼頃には一時解消していますが、14時以降は再び雨となり、15時には霧が発生して視程が低下しています。

図表 5-2-6　神戸空港 (RJBE) の午後の飛行場気象観測報

```
080300Z 17003KT 130V200 6000 SCT005 BKN010 BKN015 17/17
        Q1011
080400Z 23003KT 9999 FEW005 SCT010 BKN015 17/17 Q1011
080500Z 27006KT 8000 -SHRA FEW001 BKN004 BKN008 18/18
        Q1010
080600Z 26007KT 0700 R09/0600V1100U -SHRA FG FEW000
        SCT001 BKN002 17/17 Q1009
080700Z 26005KT 1600 R09/1400VP1800U -SHRA BR FEW001
        BKN002 BKN005 17/17 Q1009
080800Z 24004KT 0400 R09/0550V0700N -SHRA FG FEW000
        BKN001 BKN003 17/17 Q1009
```

　図5-2-10は当日9時頃に神戸空港に到着予定の航空機の飛行経路です。霧による視程不良のため着陸できず、長時間ホールディングしていました。しかし、視程の回復は遅く、最終的にダイバートしています。

図 5-2-10　霧で着陸不可となった航空機

（Flightradar24 を参考）

霧の発生には前述の条件①〜⑤が関係し、詳細な霧予報は難しいのが現状ですが、霧が発生している場合は、①〜⑤の条件がなくならない限り霧の解消は遅れます。さらに、飛行場気象観測報で図5-2-11のBCFGやPRFG、あるいはVCFGが通報されている場合、風向きによっては滑走路上に霧が流れ込み、急な視程の悪化も考えられるので燃料計画時には注意が必要です。

■図■ 5-2-11　霧分布の通報

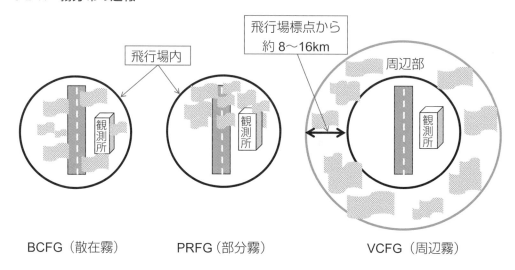

BCFG（散在霧）　　　　PRFG（部分霧）　　　　VCFG（周辺霧）

2-4　地上の気圧配置と異なる地上風

中緯度の高気圧や低気圧の地表面付近は、気圧傾度力、コリオリの力、そして地表面の摩擦力が働いて風が吹いています。北半球の低気圧域の風は反時計回りに中心に向かって吹き込み、高気圧域では時計回りに風が吹き出しています。

■図■ 5-2-12　北半球の低気圧と高気圧の地上風系

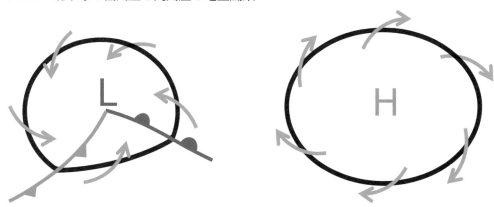

しかし、実際の地上風は地形や地上構造物、地表面の熱的特徴などの影響を受け、気圧配置とは異なる複雑な風となっていることがあります。このような状況での離発着時には、風の変化に注意が必要です。

　図5-2-13の15時の地上天気図で地上の気圧配置を見ると、日本海中部には1006hPaの低気圧があって北東に進んでいます。低気圧の中心から延びる閉塞前線が佐渡付近に達し、さらに閉塞点から温暖前線が仙台市の南を通り、関東の東海上に延びています。また、寒冷前線は新潟市付近から紀伊半島、四国の南を経て東シナ海に達しています。低気圧の暖域に位置している関東から東海の地域は、南寄りの風が卓越して海上からの暖湿気が流入しやすい気圧配置となっています。

　温暖前線と寒冷前線に囲まれた低気圧中心の南側の暖域では、一般に南〜南西の風が吹き、南から暖かい空気が運ばれてきます。暖域に位置する関東の南海上の観測データ（SHIP）では、南西風が観測されています。一方、東京（気象庁）の風は北西風で、図5-2-12に見られる低気圧の風系とは逆です。

また、図表5-2-7から同じ暖域内にある成田空港でも、5kt以下の弱い北西風が通報されていて、地上天気図の気圧配置から考えられる風向とは反対方向です。

図　5-2-13　低気圧暖域内の北西風

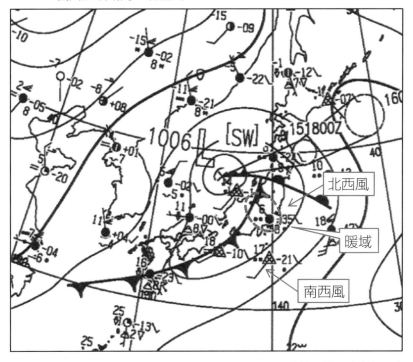

12月15日15時（06UTC）

```
150600Z  31003KT 250V350 0700 R16R/0900V1400D
         R16L/0800V1100D -RA FG SCT001 BKN002 09/08 Q1010
150700Z  32005KT 1000 R34L/P1800N R34R/P1800N -RADZ FG
         SCT001 BKN002 BKN013 08/07 Q1010
150800Z  30004KT 0800 R34L/P1800N R34R/P1800N -RA FG
         SCT001 BKN002 BKN006 07/06 Q1009
```

　図5-2-14の当日の上空850hPa面では、1,500mの等高度線が西日本から東日本の太平洋沿岸に沿って描画されていて、風は等高度線に平行に西〜南西風が吹いています。そして、館野上空では南西風50ktの強い風が観測されています。

図　5-2-14　関東の850hPa面の風

12月15日9時 (00UTC)

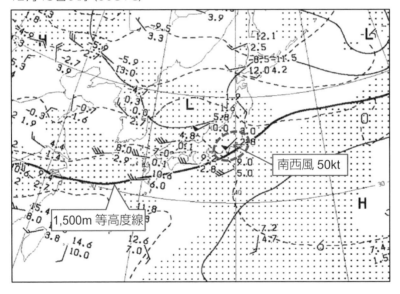

　続いて、関東上空の大気の鉛直構造を図5-2-15の館野のエマグラムで確認してみましょう。高度170m付近までは、高さと共に気温は上昇していて、地表付近に逆転層が形成されています。地表付近の逆転層内の風は北西風5ktと弱く、上空の暖気内の925hPa (高度794m) では南西風に変わり35kt、さらに850hPa (高度1,484m) は50ktの強い南西風が吹いています。また、気温と露点温度の差が地上から700hPa (高度3,046m) 付近までは小さいことから、下層大気は湿潤で10,000ft付近から下方には雲が存在すると考えられます。成田空港では雲底高度200ftの下層雲が広がり雨や霧雨となっていて、さらに霧が発生し視程が低下しています。

図 5-2-15　館野のエマグラム

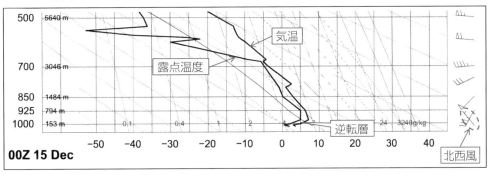

12月15日9時（00UTC）

　この時の成田空港の着陸経路上の大気構造を図示すると、図5-2-16のように描けます。着陸経路上で強い南西風を受けながら進入する着陸機は、逆転層の上端を通過すると急に弱い北西風へと風の急変に遭遇します。その後、逆転層内では雲底高度が低く、さらに雨や霧による視程不良の悪天が待ち受けています。

図 5-2-16　着陸進入中に遭遇する悪天

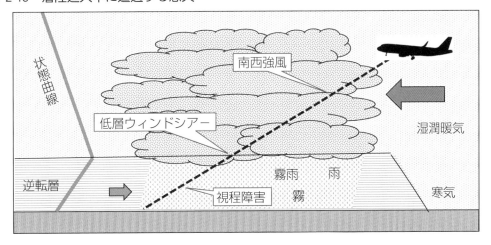

　続いて、同様な気象状態となった別日の図5-2-17の天気図を見てみましょう。(a)、(b) 図で日本の東海上にある高気圧は、次第に日本から遠ざかっています。そして、前線を伴う低気圧が、朝鮮半島から日本海西部に進んで来ました。東日本や西日本の地域は高気圧の後面（西側）に位置し、さらに日本海の低気圧が接近しているので、関東では南寄りの風が強まると予想されます。なお、9時（00UTC）の850hPa天気図で、日本上空は南西風が卓越しています。

図 5-2-17　地上気圧配置の風と850hPa面の風

（a）12月2日9時（00UTC）の気圧配置

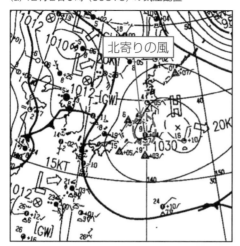

（b）2日15時（06UTC）の気圧配置

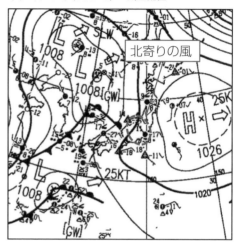

（c）850hPa面の風

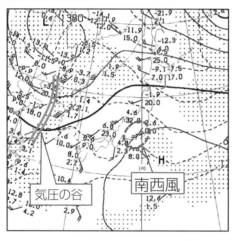

2日9時（00UTC）

　しかし、地上天気図では東京（気象庁）は北北西風となっています。さらに、羽田空港でも図表5-2-8の通り北寄りの10kt以下の風が観測されていて、両地点の地上風は気圧パターンから考えられる風向とは逆方向です。

図表 5-2-8 羽田空港 (RJTT) の飛行場気象観測報

```
020300Z 35009KT 9999 VCSH FEW016 BKN025 11/05 Q1024
        NOSIG RMK 1SC016 7SC025 A3025
020400Z 01011KT 9999 BKN024 12/05 Q1023 NOSIG RMK 7SC024
        A3022
020500Z 34009KT 9999 BKN023 BKN030 12/05 Q1022 NOSIG RMK
        5SC023 7SC030 A3020
020600Z 36008KT 9999 BKN020 12/05 Q1022 NOSIG RMK 7SC020
        A3020
020700Z 03010KT 9999 -RA FEW015 BKN019 11/06 Q1021 NOSIG
        RMK 1SC015 7SC019 A3016
020800Z 36008KT 9999 -RA FEW015 BKN017 BKN025 11/06
        Q1021 TEMPO FEW008 BKN013 RMK 1SC015 6SC017
        7SC025 A3016
020830Z 34005KT 9000 RA FEW012 BKN014 10/06 Q1021 NOSIG
        RMK 1SC012 7SC014 A3017 MOD TURB OBS AT 0818Z
        UTIBO BTN 12000FT AND 10000FT IN DES BY B767
```

　さらに、図5-2-18の館野のエマグラムから関東上空の大気の鉛直構造を解析すると、地上付近には逆転層が形成されています。地上風は北寄り5ktと弱い状態ですが、逆転層の上では南西の風が20〜30ktと強まっています。また、850hPa面から上方2,000〜3,000ftまでは、気温と露点温度はほぼ同じで、雲層が形成されていることが分かります。

図 5-2-18 館野エマグラムから見た上空の大気構造

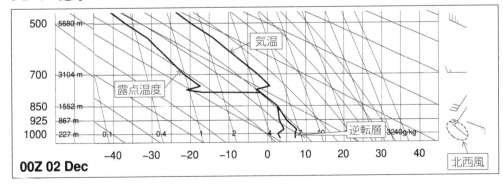

　この日の大気構造も関東の平野部の地表付近には冷たい空気層が存在し、その上に南海上の暖かく湿った空気が南西風により運ばれ、地表付近の寒気層の上を這い上がる図5-2-16と

同じような大気層が形成されていると考えられます。この大気構造下で羽田空港に進入着陸する航空機は、始め上空の暖気層の中で強い南寄りの風を受けていますが、逆転層の上面を通過すると弱い北寄りの風に突然変わり、低層ウィンドシアーに遭遇することになります。

　これら2例とも、図5-2-19のように関東の平野部に寒気が滞留し、その寒気層の上に一般場の風による南から暖かく湿った空気が這い上がる大気構造となっています。上空の暖気層では強い南寄りの風が吹き、地表付近は弱い北風となっているので、ウィンドシアーが存在します。そして、寒気層の上に下、中層雲が発生し、低シーリングを形成します。それらの雲から落下する雨滴の蒸発で寒気層内は湿潤化して視程障害現象の発生も考えられます。この場合、寒気層内は安定していて風が弱いことから、視程障害現象がいったん発生すると解消は遅れます。なお、このような地表付近に滞留する寒気は、山間部に生じた寒気が平野部に流れ出たり、前線に伴う寒気が取り残されることなどによって発生します。

■図■ 5-2-19　関東平野の大気構造のイメージ

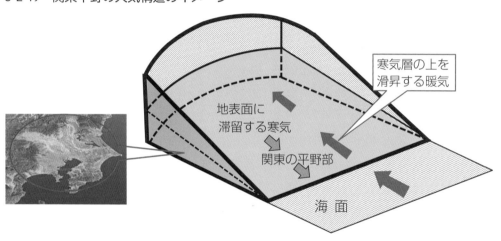

　このような狭い地域に発生する小さな現象は、図5-2-20の当日の国内悪天予想図 (FBJP) などでは表現されていません。

図 5-2-20　予想日時12月2日15時の悪天域

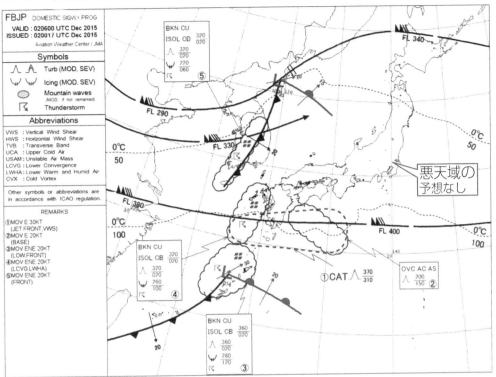

このような地表付近に寒気が滞留し、その上に暖気が滑昇する大気構造は、動きの遅い温暖前線や停滞前線でも見られます。図5-2-21の地上天気図は2-3項で紹介した図5-2-5と同じもので、東日本の太平洋沿岸部から西日本にかけて前線が停滞しています。この時、羽田空港は停滞前線の近くに位置しています。

図 5-2-21　4月8日9時（00UC）の地上天気図

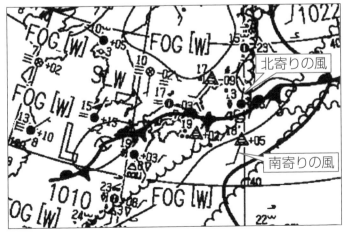

（2-3「持続する霧」で説明した図5-2-5と同じ天気図です。）

図表5-2-9の飛行場気象観測報から、羽田空港は15時前までは北東の風が5kt未満と弱く、気温は14℃と低い状態です。そして、下層雲に覆われ雲底高度は500ft前後と低く、霧雨や視程障害現象が発生してRVRも観測されています。

　このような気象状態や気圧配置から推測すると、羽田空港は図5-2-22のように停滞前線の北側の寒気側に位置していると考えられます。その後の気象変化を見ると、15時9分（0609UTC）に風向が南寄りに変わり、15時18分（0618UTC）以降は平均風速が10ktを超え、最大瞬間風速も観測されています。また、わずか9分間で気温が2℃上昇し、露点温度も2℃高くなりました。この気象変化から図5-2-23に示す通り羽田空港は15時9分以降は停滞前線の南側の暖気内に位置していると考えられます。15時からわずか9分の間に、停滞前線が羽田空港を通過していったと判断できます。

図表 5-2-9　羽田空港（RJTT）の飛行場気象観測報

```
080400Z 05003KT 010V100 5000 -RADZ BR FEW004 SCT008
        BKN009 14/14 Q1012 TEMPO 4000 -RA BR RMK 1ST004
        3ST008 7ST009 A2990
080430Z 06004KT 4000 -RADZ BR FEW004 SCT006 BKN007 14/14
        Q1012 NOSIG RMK 1ST004 3ST006 7ST007 A2989
080500Z 05004KT 010V100 4000 -RADZ BR FEW004 BKN006
        BKN007 14/14 Q1011 NOSIG RMK 1ST004 6ST006
        7ST007 A2988
080528Z 07004KT 2000 R34L/P1800N R22/P1800N R34R/P1800N
        R23/1800D -RADZ BR BKN004 BKN005 14/14 Q1011 RMK
        5ST004 7ST005 A2987
080530Z 07004KT 2000 R34L/P1800N R22/P1800N R34R/P1800N
        R23/1800D -RADZ BR BKN004 BKN005 14/14 Q1011
        NOSIG
080600Z VRB04KT 3500 -RADZ BR FEW002 BKN004 BKN005 15/15
        Q1010 BECMG 20010KT RMK 1ST002 5ST004 7ST005
        A2985
080609Z 20008KT 5000 -RADZ BR FEW002 BKN004 BKN006 17/17
        Q1010 RMK 1ST002 5ST004 6ST006 A2984
080618Z 21014KT 6000 FEW003 BKN006 BKN007 17/17 Q1010
        RMK 1ST003 5ST006 7ST007 A2984
080630Z 21014G24KT 7000 FEW003 SCT006 BKN007 18/17 Q1010
        BECMG FEW008 BKN012
```

図　5-2-22　15時までの羽田空港と前線の位置関係

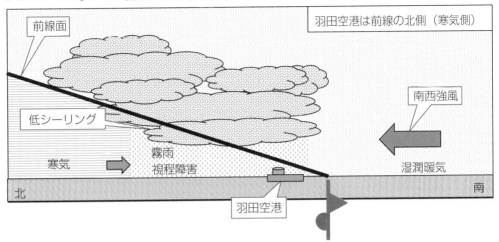

羽田空港への進入着陸中の航空機は、前線通過までは図5-2-16と同じ大気構造内を飛行したことが容易に推察できます。一方、15時09分頃の前線通過のタイミングで滑走路に接地する航空機の場合、進入時に入手した最新の空港の風情報は北東の弱い風であっても、図5-2-23のように着陸時点まで南寄りの風が続く可能性も十分に考えられます。

図　5-2-23　前線の北上と着陸機

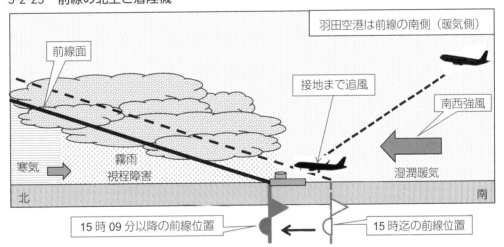

着陸進入中の機上で得られる上空の風とMETARなどで得た最新の地上風を比較し、前述のような極端な違いがある場合は、進入経路上での低層ウィンドシアーの遭遇を予期しなければなりません。さらに、これらの事例のように地表付近に寒気が滞留し、風が弱く大気が安定な状態下で降雨が続いている場合には、地表付近の空気は湿潤となり雲底高度の低下や視程の悪化も懸念され、それらへの対処も必要となります。

　このChapterでは航空機の運航に影響するさまざまな悪天現象を取り上げてきました。それらの現象はスケールの小さいものが多く、各種悪天予想図には直接表現されない現象も沢山あります。

　Self Briefingというパイロット自身で気象確認を行う業務スタイルが主流となっている現在、パイロットは飛行前の気象確認作業で天気図に予想された悪天域を確認するだけでなく、入手し得る各種気象資料から遭遇する怖れのある悪天現象の潜在性を読み取らなければなりません。そして、運航への悪天の影響の度合いを把握し、最悪の事態でも安全に飛行する方策をとって、フライトに臨むことが求められます。

　一方で、ディスパッチャーもパイロットからの気象に関する問い合わせに対し、的確に対応できる気象図の解析能力が必要です。そして、フライトが始まったら予想した気象現象の推移をしっかり監視し、予報の修正の必要性を認めた場合には飛行中のパイロットと協議し、新たな対応策を検討しなければなりません。乗客、貨物の100％安全な輸送を成し遂げるには、パイロットとディスパッチャーは常日頃から気象知識の研鑽が求められます。

INDEX

あ行

秋雨前線型 …………………………………………… 94
アナ型寒冷前線 …………………………………… 150
亜熱帯高気圧 ………………………………………… 13
亜熱帯ジェット気流 …………………………… 13、120
暗域 ……………………………………………… 42、166
安定 …………………………………………………… 83
移動性高気圧型 …………………………………… 95
ウィンドプロファイラ ………………………… 68、71
渦管 …………………………………………………… 99
渦度 ……………………………………………… 52、86
運動エネルギー …………………………………… 99
エコー強度 ………………………………………… 43
エマグラム ……………………………………… 26、186
鉛直ウィンドシアー ……………………………… 162
鉛直 p 速度 ……………………………………… 52、84
帯状高気圧型 ……………………………………… 95
オホーツク海高気圧 ………………………… 13、79、94
温位 ……………………………………………… 77、80
温暖前線 ………………………………………… 23、107
温度移流 …………………………………………… 104
温度場の谷 (サーマルトラフ) ………………… 100、102
温度風 ……………………………………………… 166

【か行】

解析図 ……………………………………………… 51
海面更正 …………………………………………… 21
海面更正気圧 ……………………………………… 21
海陸風 ……………………………………………… 10
下降流 ………………………………………… 84、88
可視画像 ……………………………………… 40、132
可視光線 …………………………………………… 40
下層悪天予想図 ……………………………… 64、179

カタ型寒冷前線 …………………………………… 153

寒気移流 ………………………………… 85、89、104
乾燥対流 …………………………………………… 156
乾燥断熱減率 ……………………………………… 77
乾燥断熱線 ………………………………………… 28
寒帯前線ジェット気流 ………………………… 13、120
寒冷前線 ………………………………… 23、150、172
気圧の尾根 (リッジ) …………………………… 32、100
気圧傾度力 …………………………………… 29、115
気圧の谷 (トラフ) ……………………………… 32、100
気象レーダーエコー ……………………………… 43
逆転層 …………………………………………… 83、156
狭域悪天実況図 …………………………………… 75
狭域悪天予想図 …………………………… 62、150、179
局地モデル (LFM) …………………………… 49、62、64
空間スケール …………………………………… 10、12
グローバルスケール ……………………………… 10
雲クラスター ……………………………………… 10
圏界面 …………………………………………… 67、70
圏界面高度 ………………………………………… 35
現地気圧 …………………………………………… 21
航空機自動観測 (ACARS) ……………………… 68
高層気象観測 ……………………………………… 26
高層断面図 ……………………………………… 37、77
高層天気図 ………………………………………… 29
国内悪天解析図 (ABJP) ………………………… 73
国内悪天実況図 (UBJP) ………………………… 72
国内悪天予想図 (FBJP) ………………………… 60
国内航空路予想断面図 ………………………… 66、112

【さ行】

里雪型 ……………………………………………… 92
山岳波 …………………………………………… 61、167
散在霧 (BCFG) …………………………………… 184
ジェット気流 …………………………… 36、73、120

時間スケール……………………………… 10、12

湿潤域……………………………………… 29、33

湿潤断熱減率……………………………………… 78

湿潤断熱線……………………………………… 28

湿数…………………………………… 29、32、56

シノプティクスケール……………………… 10、21

収束………………………………………… 86、87

周辺霧 (VCFG)……………………………… 184

条件付き不安定……………………………… 129

上昇流……………………………………… 84、88

状態曲線………………………………… 26、129

初期値……………………………………… 48

シーラスストリーク……………………… 138、139

GPS ゾンデ………………………………… 26

水蒸気画像………………………………… 42、137

水平格子間隔……………………………………… 49

数値予報……………………………………… 48

数値予報図………………………………… 51、77

数値予報モデル…………………………… 49、50

西高東低型………………………………… 15、92

晴天乱気流 (CAT)………………………… 161

正の渦度移流……………………………… 85、88

赤外画像…………………………………… 41、132

全球モデル (GSM)………………………… 49、51

前線帯…………………………………… 107、109

前線面……………………………………… 109

潜熱………………………………………… 14、78

全般海上警報……………………………… 23、24

相当温位………………………………… 58、77、79

【た行】

大気の場…………………………………… 15、17

台風………………………………………… 14、25

太平洋高気圧…………………………… 13.79、94

対流不安定………………………………… 129、131

暖気移流………………………………… 85、89、104

暖気核……………………………………… 14

断熱変化……………………………………… 77

短波………………………………………… 17

地衡風……………………………………… 115

地上観測……………………………………… 20

超断熱層……………………………………… 156

超長波……………………………………… 17

長波………………………………………… 17

低気圧の軸……………………………… 99、100、103

低層ウィンドシアー………………………… 61、190

停滞前線………………………………… 23、176、191

等圧線…………………………………… 21、22、54

等渦度線……………………………………… 52

等温位線………………………………… 39、77、112

等高度線………………………………… 29、32、104

等相当温位線…………………………… 59、77、114

等風速線………………………………… 33、39、121

等飽和混合比線……………………………… 28

ドライスロット……………………………… 125

トランスバースライン……………………… 140

【な行】

南岸低気圧型………………………………… 96

南高北低型…………………………………… 93

南西モンスーン……………………………… 79

西谷………………………………………… 17

日本海低気圧型……………………………… 97

【は行】

梅雨前線………………………………… 13、79、94

梅雨型……………………………………… 94

バウンダリー…………………………… 137、138

発散………………………………………… 86、87

春一番……………………………………… 97

196

バルジ……………………………………………… 124

東谷……………………………………………… 17

非発散層………………………………………… 87

尾流雲(Virga) ………………………… 159、160

不安定……………………………… 83、84、125

フェーン現象…………………………………… 97

二つ玉低気圧型………………………………… 98

負の渦度移流…………………………… 85、88

部分霧(PRFG) ………………………………… 184

平均海面………………………………………… 21

閉塞前線………………………………………… 23

偏西風波動……………………………………… 17

放射冷却………………………………………… 95

飽和空気塊……………………………………… 78

北高南低型(北東気流型)…………………… 93

【ま行】

マクロスケール………………………………… 10

毎時大気解析・予測情報 …………………… 68

ミクロスケール………………………………… 10

未飽和空気塊………………………………… 77、85

明域……………………………………………… 42

メソスケール…………………………………… 10

メソαスケール………………………………… 10

メソγスケール………………………………… 10

メソβスケール………………………………… 10

メソモデル(MSM) …………………49、66、68

モンスーン(季節風)…………………………… 10

【や行】

山雪型…………………………………………… 92

有効位置エネルギー…………………………… 99

予想図…………………………………………… 51

【ら行】

ラジオゾンデ観測…………………………… 26、37

離岸距離………………………………………… 15

レーウィンゾンデ……………………………… 26

露点温度……………………………………… 27、28

【わ行】

惑星波(プラネタリーウェーブ)……………………… 17

参考文献

航空気象　中山章　社団法人 日本操縦士協会

高層天気図の利用法：大塚龍蔵　財団法人 日本気象協会

梅雨前線の正体：茂木耕作　株式会社 東京堂出版

気象予報のための天気図の見方：下山紀夫　株式会社 東京堂出版

日本の天気（その多様性とメカニズム）：小倉義光　東京大学出版会

航空気象予報作業指針　気象庁予報部　気象庁

航空気象情報の利用の手引き：気象庁総務部　航空気象管理官

羽田空港 WEATHER TOPICS 通巻第25号 東京航空気象台

羽田空港 WEATHER TOPICS 通巻第62号 東京航空気象台

羽田空港 WEATHER TOPICS 通巻第66号 東京航空気象台

航空気象研究ノート 第165号（1989）　日本気象学会　社団法人
日本気象学会

気象予報士合格指導講座テキスト1〜4　U-CAN

■著者紹介

財部 俊彦 (たからべ としひこ)

1956年　宮崎県都城市に生まれる
1979年　鹿児島大学 水産学部 水産学科 海洋環境学専攻 卒業
　　　　海上自衛隊　一般幹部候補生 (第30期) として入隊後、
　　　　対潜哨戒機の戦術航空士 (TACCO) として搭乗配置
　　　　気象会社「OCEAN ROUTES」、及び一般財団法人「日本
　　　　気象協会」で外航船舶の航路気象予報 (Weather
　　　　Routing) を担当
　　　　株式会社日本エアシステム、日本航空株式会社でパイロッ
　　　　ト自社養成課程から機長昇格課程までの航空気象の座学
　　　　訓練を担当
　　　　一般財団法人「日本気象協会」で外航船舶の航路気象予報
　　　　を担当

　　　　現在、スカイマーク株式会社でパイロットの航空気象の座
　　　　学訓練を担当

　　　　気象予報士 (登録番号 第358号)
　　　　著書「パイロット訓練生の航空気象 理論と実践」(秀和シ
　　　　ステム出版)

■写真
iStock:Maravic
iStock:NirutiStock
iStock:TokioMarineLife

実践航空気象テキスト
（じっせんこうくうきしょう）

発行日　2022年 3月10日　　　　　　　　第1版第1刷

著　者　財部 俊彦
（たから べ　としひこ）

発行者　斉藤　和邦
発行所　株式会社　秀和システム
　　　　〒135-0016
　　　　東京都江東区東陽2-4-2　新宮ビル2F
　　　　Tel 03-6264-3105（販売）Fax 03-6264-3094
印刷所　三松堂印刷株式会社　　　　　　Printed in Japan

ISBN978-4-7980-6651-6 C3044